豫西山区淤地坝建设相关技术研究

王国重　屈建钢　双　瑞　编著

U0285856

黄河水利出版社

·郑州·

内 容 提 要

本书是在对河南省已建淤地坝调查、分析、总结的基础上编写的，希望能对今后大规模的淤地坝建设起到指导作用。本书共分 9 章，主要内容包括：豫西山区淤地坝概述、小流域淤地坝 ^{137}Cs 示踪研究、流域坡面土壤侵蚀强度估算及影响因素、淤地坝泥沙淤积信息研究、淤地坝建设技术、坝系规划、淤地坝减蚀效益分析、淤地坝的管护技术、今后的研究方向。

本书可供水土保持、水文水资源、水利工程方面的技术及管理人员参考。

图书在版编目（CIP）数据

豫西山区淤地坝建设相关技术研究/王国重，屈建钢，双瑞编著. —郑州：黄河水利出版社，2013.9
ISBN 978-7-5509-0548-1

Ⅰ.①豫⋯　Ⅱ.①王⋯　②屈⋯　③双⋯　Ⅲ.①山区—水土保持—坝地—建设—研究—河南省　Ⅳ.①S157.3

中国版本图书馆 CIP 数据核字（2013）第 222883 号

出　版　社：黄河水利出版社
　　　　地址：河南省郑州市顺河路黄委会综合楼 14 层　　邮政编码：450003
发行单位：黄河水利出版社
　　　　发行部电话：0371-66026940、66020550、66028024、0371-66022620（传真）
　　　　E-mail：hhslcbs@126.com
承印单位：河南新华印刷集团有限公司
开本：850 mm×1 168 mm　1／32
印张：4.875
字数：140 千字　　　　　　　　　　印数：1—1 000
版次：2013 年 9 月第 1 版　　　　　印次：2013 年 9 月第 1 次印刷
定价：15.00 元

前　言

　　淤地坝是黄土高原地区治理水土流失的主要工程措施，被誉为全国水利建设的"亮点工程"。作为黄土高原组成部分的豫西山区也陆续修建了一些淤地坝，收到了很好的效果。本书是以河南省已建淤地坝为基础编写的，在调查、分析的基础上，查阅了大量资料，结合国内外一些学者的研究成果，也有自身的经验和体会。以核素 ^{137}Cs 示踪土壤侵蚀是当前国内外研究的热点，本书中用 ^{137}Cs 示踪来揭示淤地坝泥沙淤积机制、流域坡面土壤侵蚀强度，确定淤地坝泥沙淤积时间和流域泥沙来源，为小流域的综合治理提供依据；本书还突出了地方特色，对豫西山区坝系的规划、不同类型淤地坝的建设、管护方式进行了总结。本书以河南省开展的几个与淤地坝相关的课题为依托，结合工程实践，丰富了黄土高原地区淤地坝的研究内容；此外，本书注重科学性、实用性和先进性，体系完整，内容精练，文字表达通畅，所附图力求准确、直观。

　　本书的编写分工如下：第一章至第五章、第九章由黄河水文水资源科学研究院王国重编写，第六章、第七章由河南省水土保持监督监测总站双瑞编写，第八章由河南省水土保持监督监测总站屈建钢编写，全书由王国重统稿。在本书编写过程中，得到了河南省水利厅水土保持处贾爱卿、黄河上中游管理局赵邦元的帮助，在此表示感谢。并对所有为本书出版给予支持和帮助的单位和个人表示衷心的感谢！

　　由于作者水平有限，加之时间关系，书中难免有些错误，不当之处敬请指正。

作　者

2013 年 5 月

序

黄土高原是世界上水土流失最严重的地区之一，也是黄河水患的症结所在。大量泥沙随着洪水涌入河道不断沉积，不仅抬升下游河床，使黄河多次泛滥、改道，造成干旱、洪涝灾害频发，严重影响农业发展和粮食安全，而且破坏生态环境，时刻威胁着中下游人民的生命和财产安全。在长期的生产实践中，人们发明了淤地坝，它可以防洪拦沙、解决人畜用水问题，同时淤坝成地、培肥土壤，更易于增加粮食产量。此外，淤地坝还可以抬高沟床，稳定沟坡，降低沟道的侵蚀基准，有效地缓解沟道侵蚀和重力侵蚀。

豫西山区是黄土高原的一部分，为了解决人畜饮水问题、治理水土流失、发展农村经济，自20世纪80年代以来，陆续兴建了大量以淤地坝、蓄水池、水窖为主要形式的集雨工程。在典型工程调查中，发现淤地坝的作用是巨大的，因此有必要对沟道水沙输移规律和侵蚀机制进行研究，预测其水土流失发展趋势，探索坝系优化建设的关键技术和符合市场经济规律的坝系运行管理模式，为该地区今后大规模的淤地坝建设服务。

自2000年以来，河南省水土保持监督监测总站一直关注省内的淤地坝建设，先后开展了"豫西山区雨水集蓄利用技术研究及工程示范"、"豫西黄土区淤地坝建设关键技术研究"等研究课题，并配合省相关部门进行了淤地坝安全检查工作。

本书根据近年在淤地坝调查、研究工作中的一些经验、体会，并借鉴吸收众多学者的研究成果编写而成。在编写过程中，作者收集了大量的素材并对一些常用技术进行了详细介绍和总结，希望此书会对豫西山区乃至全省今后大规模的淤地坝建设起到借鉴和指导作用。

谷来勋

2013年5月

目　录

第1章 豫西山区淤地坝概述

1.1 豫西山区水土保持工程措施的发展状况

豫西山区是黄土高原的一部分，其范围涉及郑州、洛阳、三门峡、焦作、济源5个市的25个县（市、区），总面积2.72万 km²。区域地势西高东低，自西向东由中山、低山、丘陵过渡到平原，山区面积占总面积的50%以上，丘陵面积占总面积的30%以上，平原和平地面积仅占总面积的10%~15%。豫西山区地貌类型主要有黄土塬区、黄土丘陵区、土石山区3种类型。该区水土流失面积1.68万 km²，占总土地面积的62%，侵蚀类型以沟蚀、面蚀为主，其中强度以上侵蚀面积占总面积的36%，年输沙量6 500万 t，是河南省水土流失最严重、生态环境最脆弱的地区。此外，侵蚀模数大于5 000 t/(km²·年)的多沙区，面积为6 049.81 km²，主要分布在黄河沿岸地区及伊洛河下游沿岸地区，是入黄泥沙的主要来源地。

该区属大陆性季风气候，冬春季节寒冷干燥多风沙，夏秋季节炎热多暴雨。多年平均气温12~14 ℃，多年平均降水量500~800 mm，降水年季变化很大，丰水年的降水量为枯水年的3~4倍，汛期（6~9月）降水量占年降水量的60%以上，且暴雨多、雨强大，是水土流失产生的主要因素。此外，该区人均水资源量和亩❶均水资源量都低于全国平均水平，属水资源紧缺地区，最大限度地利用雨水资源是当地水土保持及生态环境建设的必由之路。

为了解决人畜饮水、治理水土流失、发展农村经济，20世纪80年代以来，该区以小流域为单元，兴建了大量以淤地坝、蓄水池、水窖为

---

❶ 1 亩=1/15 hm²。

主要形式的集雨工程，对降落在山坡坡面、沟道内的雨水和出露的山泉溪流分别采用相应的开发模式，形成了一套较为成熟的技术体系，实现了雨水资源的水土保持利用，如图 1-1 所示。

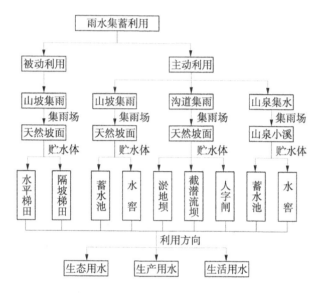

图 1-1　豫西山区雨水资源的水土保持利用模式

雨水资源集蓄利用可分为被动利用和主动利用，后者与前者的区别主要在于强调对雨水资源的调蓄利用。雨水的被动利用，是指通过一定的工程措施（如梯田）营造田间集水面、改进耕作措施，实现降水的就地拦蓄入渗，提高水分利用效率。豫西山区主要是通过修建梯田工程，改变微地形来达到这一目的的。

豫西山区存在着大量的坡耕地，降落在坡面上的雨水，径流流速往往较大，不仅破坏坡面，而且难以滞留，即使渗入土壤中的水分也大部分以壤中流的形式很快从坡脚渗出。针对这一特点，一般采用雨水就地拦蓄入渗利用或者雨水叠加利用的方式。当地大量的试验表明：在相同条件下，水平梯田对坡面雨水资源的拦蓄率和利用率都明显高于坡耕地。因而，应在条件适宜的山丘地区大力推广梯田技术，通过坡改梯工程，实现对雨水资源的就地利用。隔坡梯田可以实现雨水的叠加利用，大量的对比监测资料表明：隔坡梯田的保水效果比水平梯田平均高出7%~11%，比坡耕地平均高出66%~118%。所以，在人均耕地不太紧缺的地方，应大力修建隔坡梯田。

雨水的主动利用，是指通过一定的工程措施，将汇流面上的雨水径流汇集在蓄水设施中再进行利用，是就地拦蓄入渗的进一步延伸和拓展，在水土保持中具有更积极的作用和意义。该区集蓄坡面雨水最常见的措施是修建蓄水池和水窖，其既可以把坡面产生的径流引向急需用水的异地，又便于存储。其工作原理是将小流域坡面作为集流场，自身作为贮水体，以用水对象为终点，三者组成统一的雨水集蓄利用系统，这样既解决了当地的坡面土壤冲刷问题，又使坡面的雨水资源得到利用。

经坡面地表径流、壤中流而汇入沟道内的雨水，将形成小流域洪水，对沟床产生水力侵蚀。为防止和减轻这种侵蚀，最有效的办法是修建小型集流坝，既可以利用小流域洪水资源，又具有削峰、拦沙功效，综合效益十分显著。布坝密度、蓄水规模、坝高与库容的关系是集流坝系修筑的关键参数，经调查统计，该区三种不同类型地貌中，这三个关键参数的经验值如表1-1所示。

表1-1 豫西山区不同地貌类型区集流坝关键参数的经验值

类型区	布坝密度（座/ km²）	蓄水规模（m³/座）	坝高(H)与库容(V)的关系
土石山区	0.5~0.6	5 000~10 000	$V=33\ H^{2.55}$
黄土塬区	0.6~0.75	10 000~25 000	$V=113\ H^{2.34}$
黄土丘陵区	0.6~0.75	10 000~25 000	$V=113\ H^{2.34}$

该区集流坝的常见形式主要有三种：淤地坝、截潜流坝、人字闸。淤地坝是集流坝的主要形式，一般选取地质条件好、口小肚大、集水面

积适宜之处筑坝，土石山区选择砌石重力坝和拱坝，黄土丘陵区和黄土塬区以土坝为宜；豫西一带的塬区及丘陵区多为河流冲积形成的潜水区，沟道含水层较厚且埋深较浅，岩性多为中粗砂和卵砾石，透水性好，因此在河床地面以下修建截潜流坝就是一种明智的选择，这类坝不影响河道行洪，淤积少，无须专人看管，易于就地取材且使用寿命长，水源充沛，利于补给，而且可以净化水质；人字闸属小型挡水坝，是一种半固定式的蓄水闸门，适宜于山区小泉小水的拦蓄，有利于水资源的充分利用、净化环境、改善流域小气候。

另外，该地区岩层隙水、土壤渗水等形成的小山泉一般较多，此类小山泉出流距离短，大多无污染，水质良好，含沙率极低。近年来，豫西各地为解决人畜饮水困难问题，对山泉溪流进行了较大规模的开发。在泉水出露处建一小型蓄水池，之后埋管或修渠通往用水地区。若用水户较分散，则在管道沿线依据用户分布情况再布设若干个蓄水池或水窖以调蓄来水。

雨水资源的水土保持利用工程收到了巨大的效益。据统计，到 2002 年年底，豫西黄土区已建成各类集流坝 2.44 万座，水窖 11.25 万座，坡改梯 572 万亩，如表 1-2 所示。这些集雨工程年均可集蓄雨水 23.8 亿 m³，拦沙 9 883 万 t，效益十分巨大。其中，水平梯田面积较大，其蓄水量 16.6 亿 m³，占 69.7%，较坝、池、窖蓄水效益显著，但随着坝、池、窖工程技术研究与推广力度的不断加大，其效益会越来越突出。

表 1-2 豫西山区集雨工程的水保效益

工程类别	数量	定额		效益	
		蓄水	拦沙	蓄水 (万 m³/年)	拦沙 (万 t/年)
集流坝	24 400 座	23 100 m³/(年·座)	1 607 t/(年·座)	56 364	3 921
蓄水池	23 100 座	6 000 m³/(年·座)	833 t/(年·座)	13 860	1 924

工程类别	数量	定额		效益	
		蓄水	拦沙	蓄水（万 m³/年）	拦沙（万 t/年）
水窖	112 500 座	180 m³/(年·座)	3 t/(年·座)	2 025	34
坡改梯	572 万亩	290 m³/(年·亩)	7 t/(年·亩)	165 880	4 004
合　计				238 129	9 883

在集雨工程的基础上，在该区大力推广节水灌溉技术，如非充分灌溉、低压管道、喷灌、滴灌等，可带来巨大的经济效益。表 1-2 中的集流坝全部作为集雨节灌工程，蓄水池中的 40% 和水窖中的 60% 作为集雨节灌工程，其余作为人畜吃水工程，梯田纳入集雨节灌面积中，则豫西山区集雨节灌工程年均增加节灌面积 558.7 万亩，年均增产粮食 9.1亿 kg，年均增加效益 10.9 亿元，如表 1-3 所示。

表 1-3　豫西山区集雨节灌工程的年直接增产效益

工程类别	数量（座）	年均蓄水量（万 m³）	节灌面积（万亩）	增产定额（kg/亩）	增产粮食（万 kg）	增加效益（万元）
集流坝	24 400	56 364	498.8	162.8	81 205	97 446
蓄水池	9 240	5 544	49.1	162.8	7 993	9 592
水窖	67 500	1 215	10.8	162.8	1 758	2 110
合计		63 123	558.7		90 956	109 148

集雨节灌工程除能拦沙蓄水、实现经济效益外，还可以获得丰厚的社会效益和生态效益。黄土高原国土整治方略的核心是"全部降雨就地入渗拦蓄"，该区雨水集蓄利用正是这一方略的具体体现。推广先进的

耕作技术、坡改梯等生态保护措施，可以合理开发利用水土资源、有效减少毁林开荒，有利于水土保持和改善农村生态环境。修建蓄水池、集流坝、水窖等小型水利工程后，不仅能有效地拦蓄径流，削减洪峰，减少了洪水危害，而且拦蓄雨水就地入渗，减轻了对土壤的冲刷侵蚀，解决了生活用水问题，防止了水土流失；通过实施节水灌溉、秋水春用，提高了农业灌溉用水的保证率、土地的使用效率和林草成活率，变被动抗旱为主动抗旱，增强了抗旱能力，提高了作物产量，有利于恢复植被。这些措施不仅从源头上减轻了自然灾害，而且促进了山区生产、生活、生态的良性循环，为山区农民脱贫致富奔小康开辟了新的途径。

1.2 淤地坝的作用

"沟里筑道坝，拦泥又收粮"，这是黄土高原地区群众对淤地坝作用的形象总结。淤地坝也被他们誉为流域下游的"保护神"、解决温饱的"粮食囤"和改善环境生态的"基石"。

豫西山区的试验表明：分别采取工程、林草、耕作三种措施对该区小流域进行治理，工程措施的效益要显著高于林草和耕作措施，因此在进行小流域开发治理时，要坚持把以淤地坝、水窖、蓄水池、谷坊等集雨工程形式作为第一措施。在典型工程调查中发现：在雨水集蓄工程中，淤地坝系在防洪拦沙效果和解决人畜用水、提高水资源的利用率方面较其他工程显著，而且能淤坝成地，改善土壤的理化性质，提高土壤肥力，使土壤肥沃，更易于增加粮食产量。研究发现：坝阶地与其上游的斜坡地相比，磷、钾、全氮、全磷、速效氮和有机质含量分别高出 1.36、0.97、1.54、1.23、1.41、1.8 倍，同时细粒含量增加 8%~9%，黏粒含量增加 10%~13%，土壤毛管持水量增加 5%~6%，饱和含水量增加 8%~9%，土壤的保水性和肥力大大提高，作物的生长条件比梯田更加适宜，产量水平更高。

所以，今后工作的重点是：研究淤地坝系沟道水沙输移规律和侵蚀机制，预测其水土流失发展趋势，探索坝系优化建设的关键技术和符合市场经济规律的坝系运行管理模式，为淤地坝系的规划、设计、管理、维护提供依据。

1.3 豫西山区淤地坝建设状况

1.3.1 淤地坝的分布与安全分类

据统计，截至 2008 年年底，豫西山区共建设淤地坝 2 037 座，其中骨干坝 178 座，中型坝 290 座，小型坝 1 569 座，主要分布在三门峡、洛阳、郑州、济源和焦作，如表 1-4 所示。

表 1-4　豫西山区淤地坝分布状况

地名	淤地坝数量（座）			
	合计	骨干坝	中型坝	小型坝
三门峡	785	54	44	687
洛阳	762	86	193	483
郑州	322	24	34	264
济源	137	11	12	114
焦作	31	3	7	21
合计	2 037	178	290	1 569

按照黄河上中游管理局《关于黄土高原淤地坝安全大检查有关问题的补充通知》（黄淤办发[2009]1 号）中淤地坝安全分类，在这 468 座中型以上淤地坝中，一、二类坝为 247 座，三、四、五类坝为 221 座（其中 100 万 m^3 以上的骨干坝 22 座），具体情况见表 1-5。

表 1-5 豫西山区中型以上淤地坝安全分类

类别	中型坝		骨干坝		合计	
一	100	133	97	114	197	247
二	33		17		50	
三	48	157	23	64	71	221
四	34		21		55	
五	75		20		95	
合计	290		178		468	

1.3.2　工程存在的安全隐患

通过对 468 座中型以上淤地坝（其中骨干坝 178 座、中型坝 290 座）的排查，发现其中 242 座存在安全隐患（其中骨干坝 80 座、中型坝 162 座），占 51.71%（其中骨干坝 44.94%、中型坝 55.86%）。具体安全隐患情况见表 1-6。

表 1-6 豫西黄土区中型以上淤地坝安全状况

淤地坝类型	小计	无安全隐患淤地坝数量（座）	存在安全隐患淤地坝数量（座）				
			坝体	放水建筑物	溢洪道	下游有人口或重要设施	其他
骨干坝	178	98	44	28	51	23	3
中型坝	290	128	82	58	124	48	1
合计	468	226	126	86	175	71	4

调查发现：坝体出现的安全隐患一般表现为坝体裂缝、坝体单薄、坝坡过陡及坝高不足等；放水建筑物的问题一般是进口堵塞、平卧管深陷断裂等；溢洪道的安全隐患多为无衬砌引起的坍塌堵塞、冲毁等现象，个别淤地坝需新开挖溢洪道。调研中还发现：2000年以后建的黄河水土保持生态工程项目区和小流域坝系项目的淤地坝防汛标准、运行情况及现状大多较好，很少有安全隐患。2000年以前建的淤地坝多为当地群众自发修建，无正规设计，主要技术指标达不到规范要求；主要由当地群众、民工施工，施工不规范，工程质量较差，安全隐患较多。

1.3.3 工程安全隐患的处理方案

根据不同情况，病险坝的处理方案主要有以下几类：①对防洪能力不足的坝，采用加高大坝或增设、拓宽溢洪道的方案来处理；②对坝体单薄或坝坡过陡的坝，采取培厚加固坝体的措施；③对有裂缝和渗漏现象的坝，采用灌浆的方式来处理；④对放水建筑物损坏的坝，采用维修的处理方案；⑤对溢洪道过水能力不足、冲刷严重、淤积堵塞严重的坝，采用扩大过水断面、衬砌、清淤等方案进行处理。

据统计，该区目前投资 2 688 万元正在对 5 座骨干坝进行除险加固，还需加高加固的淤地坝有 165 座，需增设溢洪道的有 9 座，需衬砌、维修溢洪道及放水建筑物的有 175 座，需采用增设排洪渠、灌浆防渗等其他处理方案的有 14 座，估算工程量合计 223 万 m³，估算投资 9 020 万元。具体情况见表 1-7。

表 1-7　目前进行的淤地坝除险加固工程所需的投资

坝类	数量及投资	加高加固	增设溢洪道	维修溢洪道及放水建筑物	增设排洪渠	其他方案	小计
骨干坝	数量（座）	36	4	58	20	7	125
	估算工程量(万 m³)	60	3	17	2	24	106
	估算投资(万元)	1 950	191	2 383	182	471	5 177

坝类	数量及投资	加高加固	增设溢洪道	维修溢洪道及放水建筑物	增设排洪渠	其他方案	小计
中型坝	数量（座）	125	34	117	87	7	370
	估算工程量(万 m³)	81	4	7	1	24	117
	估算投资（万元）	1 488	407	1 350	280	318	3 843
合计	数量（座）	161	38	175	107	14	495
	估算工程量(万 m³)	141	7	24	3	48	223
	估算投资（万元）	3 438	598	3 733	462	789	9 020

第 2 章　小流域淤地坝 ^{137}Cs 示踪研究

2.1　^{137}Cs 的来源及其特性

^{137}Cs 作为一种人为放射性核素，并不是在自然环境中天然存在的，而是由人类核试验活动产出后释放到自然环境中的，主要分布于地球的表层，故 ^{137}Cs 的全球分布情况一直引起国际社会的广泛关注。对于流域尺度的侵蚀强度演变来说，如果没有长期的水土流失监测资料，传统方法将难以快速、准确地描述过去流域土壤侵蚀强度的变化，而以 ^{137}Cs 为代表的放射性核素示踪方法比较便捷、经济，预测结果也较为精确，因而具有明显的优越性。环境中人为放射性核素 ^{137}Cs 主要源于人类 20世纪 50~70 年代进行的大气层核武器试验、对自然环境有重大影响的核事故、核设施废弃物产生的人为核素在环境中的散落等。美国于 1945年 8 月 6 日在日本广岛投掷了原子弹，这是人类首次进行的核爆炸。^{137}Cs沉降受到降水量和每年进行的核试验次数的影响，1952~1958 年和1961~1962 年是全球大气层核试验的主要集中期。全球 ^{137}Cs 沉降始于1954 年，1963 年 8 月 5 日苏联、英国和美国为了巩固其核垄断地位，在莫斯科签订了《禁止在大气层、外层空间和水下进行核武器试验条约》，这一年 ^{137}Cs 的全球沉降达到峰值。1986 年 4 月 26 日苏联切尔诺贝利核电厂发生的核泄漏事故导致全球范围内 ^{137}Cs 的沉降量增加了约

5%，北半球高于南半球。北半球 ^{137}Cs 的沉降量变化情况如图 2-1 所示。由于 ^{137}Cs 的测试技术较为成熟，目前应用最广，也有人采用其他核素，如 ^{90}Sr、^{134}Cs、^{131}I、$^{239-240}$Pu 和 ^{241}Am 等进行相关的研究，但相对较少。

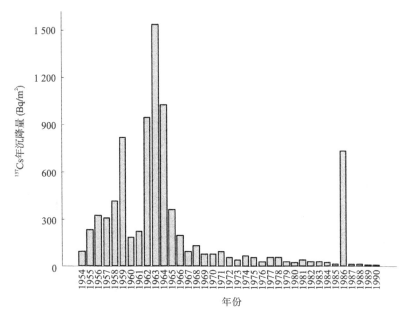

图 2-1　北半球 ^{137}Cs 的沉降量变化情况

2.2　^{137}Cs 示踪土壤侵蚀的基本原理、研究方法

核素 ^{137}Cs 是通过大气平流层来进行全球传播的，绝大部分以湿沉降方式随降水降落到地表，剩下的极少部分以干沉降方式降落到地表。^{137}Cs 降落到地表后，被地表土层中的黏粒和有机质吸附，进行紧密结合，并富集于土壤表层，一般很难被雨水淋溶，只是随着土壤颗粒的迁

移而进行再分布，因此是侵蚀泥沙研究中很有价值的人工环境核同位素。其示踪土壤侵蚀示意图见图 2-2。在农耕地土壤中，^{137}Cs 一般均匀分布于耕作层中；对于非农地，核素 ^{137}Cs 主要分布于表层土壤，并随着土层深度的增加而减少。^{137}Cs 半衰期为 30.2 年，测试与采样便捷迅速，对地块的扰动最小，不仅可以轻易获得土壤侵蚀和泥沙沉积数据，还能够对区域的土壤侵蚀状况进行长期动态监测。因为 ^{137}Cs 的上述优越性，美国最先把 ^{137}Cs 技术运用于土壤侵蚀的研究，其他各国紧随其后纷纷效仿，采用该技术开展相关的研究。

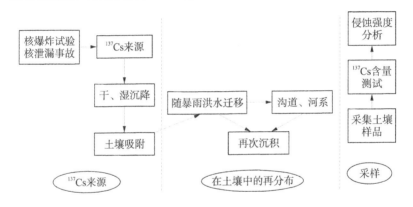

图 2-2　^{137}Cs 示踪土壤侵蚀示意图

2.2.1　基本原理

利用 ^{137}Cs 核素示踪土壤侵蚀的原理如下：把研究区某个土壤剖面的 ^{137}Cs 浓度与当地的背景值进行比较，若低于背景值，表明该剖面所在位置发生了侵蚀，反之则说明发生了沉积。根据某处 ^{137}Cs 的流失量或沉积量，可定性分析或定量估算该处的土壤流失量或泥沙沉积量。就非农地而言，根据 ^{137}Cs 在土壤剖面中的富集深度，可以对其侵蚀或沉积状况予以评价，如果富集在土壤剖面某个深度处 ^{137}Cs 的含量小于背景值，表明有侵蚀发生，大于的话说明发生沉积，两者的差值就是自1954 年以来的总侵蚀量或沉积量；对于长期耕作的农耕地而言，无论是否发生侵蚀，核素 ^{137}Cs 在耕层内都呈均匀分布，可以根据 ^{137}Cs 面积浓度的不同定量估算土壤的流失量；对于发生沉积的土壤剖面，^{137}Cs 的分布深度会大于耕作深度，两者的差值为自 1954 年以来 ^{137}Cs 沉积的总厚度；对于既有侵蚀发生又有沉积发生的土壤剖面，其 ^{137}Cs 的含量可能低于背景值，但其分布深度会大于背景值处土壤剖面中 ^{137}Cs 的分布深度。用 ^{137}Cs 示踪技术得到的土壤侵蚀量被称为土壤的净侵蚀量，表明某个土壤剖面的某个部位土壤的净损失量，如果在该部位同时有侵蚀和沉积发生，则净侵蚀量就表示侵蚀与沉积的差值。

2.2.2　研究方法

2.2.2.1　野外调查，选取小流域，收集相关的资料

根据研究的目的和工作量，进行野外调查，选取小流域。所选小流域的面积不宜太大，尽可能把流域的各种地貌类型和土地利用类型都包含在内，另外该流域的淤地坝建设尽可能开展得较早；根据研究目的和需要，收集该流域的相关资料，如地形图、土地利用类型、小流域侵蚀产沙的观测资料和历年的降雨径流资料，必要时还要询问当地农户，了解流域内坡耕地的耕垦历史及面积变化、流域内的人口变化、经济状况、淤地坝及坝地数量等信息。

2.2.2.2　设计采样的方案

1）选取背景值点

用 ^{137}Cs 示踪土壤侵蚀十分关键的一步就是背景值样品的采集，因为所采的样品能不能代表研究区的输入水平，直接关系到估算的精度和该法的成败。背景值采样点的选取一般须满足以下条件：首先，没有明显侵蚀或沉积发生；其次，从发生 ^{137}Cs 沉降开始算起，土壤没有发生太大的扰动；再次，尽可能在研究区域内且满足与研究区的输入总量一致。

一般选取地势平坦的没有明显侵蚀或沉积的林地、草地、老梯田，按照一定的深度间隔进行采样。国外学者多习惯选择侵蚀轻微的草地、大块平坦的农耕地和老坟地等作为背景值样点；国内学者一般以侵蚀较轻的岇顶、坟地庙宇附近和老梯田为选取对象。

2）不同用地样点的选取

（1）所选取的各个样点必须能代表豫西山区的特点。

（2）所选取的各个样点能反映研究区不同的坡度、坡向、坡长及不同坡位的情况。

（3）样点以丘陵顶部为中心，分几条线路沿水流的方向、自上而下隔一定间距布设。

（4）样点数以满足研究需要为宜，尽可能减少对土壤的扰动。

3）土样的采集

先用坡度仪测定坡度，用皮尺量测样点距坡顶的长度，样点位置确定后需对其周边环境作必要的描述；然后用带有直径 8 cm、长 10 cm 钻头的土钻采用对角线法采样，垂直坡面钻入土层采集剖面样，采样深度一般在 30 cm 左右；土样取出后，按相同深度的土样分层取出装入同一土袋，并在袋子上做好标记，注明样品编号，密封装箱运回实验室。

2.2.3　样品的测定与分析

2.2.3.1　样品的测定

所有采集的土样在室内先进行风干、剔除草根树叶和小石块等杂物，再经磨细、过 1 mm 的筛，制成待测样品后开始测量。测量仪器采用的是美国 ORTEC 公司生产的 GEM – 60 高纯锗型γ射线能谱仪，其装置如图 2-3 所示。其在 1 332.50 keV 能量峰处对 ^{60}Co 的分辨率为 1.79，在 661.50 keV 能量峰处对 ^{137}Cs 的分辨率为 1.35，探测效率为60%，通过 MCA 软件测试每个样品在 661.50 keV 能量峰处 ^{137}Cs 的全峰面积，每个样品的测定时间约为 8 h。

^{137}Cs 的标准源由来自中国原子能科学研究院的标准溶液，按一定比例稀释后和一定量的石英砂混合而成。能谱图可以最直观地显示出各

种核素能量峰在仪器 16 000 个有效道址的位置和计数率的高低，图 2-4 是典型的能谱图。能谱图上 X 轴表示的是道数，Y 轴表示的是各种核素主能量峰的计数。此外，通过对能谱图峰型的判断可以在一定程度上说明仪器的分辨率高低，也就是在能量峰很接近的情况下可以分辨出不同的核素种类。

图 2-3　GEM－60 型高纯锗型γ射线能谱仪

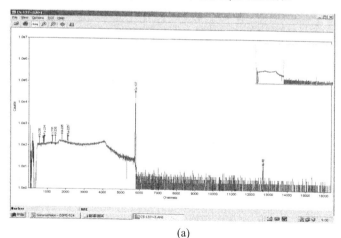

(a)

图 2-4　^{137}Cs 的典型能谱图

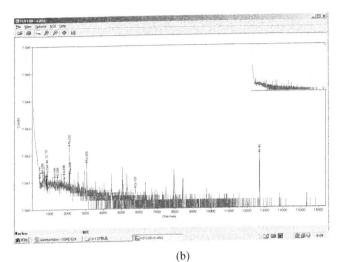

(b)

续图 2-4

2.2.3.2 面积浓度的计算

由于土壤中 ^{137}Cs 的活度差异较大，在测试过程中采用固定道宽的办法来获取核素的峰面积，即在核素特征能量的峰面积处所用的道宽应该和计算标准源技术效率的道宽完全一致。

下面简单介绍一下如何计算 ^{137}Cs 的活度。待测样品经风干、磨细、剔除杂物、过筛后的细颗粒部分中 ^{137}Cs 的未校正的含量可以由峰面积、测试时间和探测效率来进行换算：

$$WJCS=AF / (T \cdot RC) \tag{2-1}$$

式中　　$WJCS$——样品中未校正的 ^{137}Cs 含量，Bq；

RC——仪器对核素 ^{137}Cs 的探测效率；

AF——^{137}Cs 的峰面积；

T——测试时间，s。

对未校正的 ^{137}Cs 含量进行放射性衰变校正可得到子样品的校正含量：

$$YJCS=WJCS \cdot e^{\lambda t} \tag{2-2}$$

式中　　$YJCS$——样品中 ^{137}Cs 的校正含量，Bq；

λ——^{137}Cs 的衰变系数，取 0.023；

t——从样品采集到分析所用的时间，年。

这样，子样品的校正放射性活度可以表示为

$$JZCS=YJCS \,/\, YPW \tag{2-3}$$

式中　$YJCS$——样品中 ^{137}Cs 的校正放射性活度，Bq/kg；

　　　YPW——样品的质量，kg。

假设土样中粗粒部分（植物根系、石砾、石块等不能过筛部分）不含 ^{137}Cs，子样品中 ^{137}Cs 的放射性活度等于过筛后整个样品的 ^{137}Cs 比活度，所以计算核素的质量浓度时应加以修正。本研究中所采用的土壤，稍加研磨均能过 1 mm 筛孔，因此不需校正。一般用 ^{137}Cs 的面积浓度 (Bq/m^2)来反映样点土壤中 ^{137}Cs 的分布情况。

测定出样点各层土样中核素 ^{137}Cs 的放射性活度后，可根据式(2-4)计算出该样点相应的面积浓度(Bq/m^2)：

$$c_s = \sum_{i=1}^{n} c_{mi} \cdot b_{\omega i} \cdot h_i \times 1\,000 \tag{2-4}$$

式中　c_s——样点 ^{137}Cs 的面积浓度，Bq/m^2；

　　　i——采样层的序号；

　　　c_{mi}——第 i 层 ^{137}Cs 的质量浓度，Bq/kg；

　　　n——采样的层数；

　　　$b_{\omega i}$——第 i 层的土壤容重，t/m^3；

　　　h_i——第 i 层的深度，m。

2.3　^{137}Cs 示踪土壤侵蚀及淤地坝减蚀机制的国内外研究进展

2.3.1　^{137}Cs 示踪土壤侵蚀国内外研究进展

土壤侵蚀是指在水力、风力、重力、冻融以及其他外营力的作用下土壤发生破坏、剥蚀、运移和沉积的过程。土壤侵蚀所招致的危害主要表现为：表层土壤在外营力作用下流失，土壤肥力和养分下降，作物减产，侵蚀引起的泥沙还会阻塞河道、淤积水库，更甚者，如山洪、泥石流等会使江河泛滥，引发地质灾害，威胁当地群众的生命财产安全。Wollny 是德国著名的土壤学家，1877 年率先开始对土壤侵蚀进行定量研究，此后各国学者也陆续做了大量的工作，主要研究在特定的区域内土壤侵蚀在空间和时间上量的分异特征，预测在将来的某个时段内土壤侵蚀的变化趋势。

土壤侵蚀的定量研究方法目前主要有侵蚀特征的宏观调查法、水文观测法、径流小区监测法、模型预报法、地球化学方法和基于遥感的定量研究方法等。早期人们主要是通过野外径流小区来定量研究土壤侵蚀的，要么是观测在下垫面条件相同的情况下不同降雨的侵蚀，要么是观测在降雨条件相同情况下不同下垫面的侵蚀，后来逐渐过渡到室内，在实验室采用人工降雨装置进行模拟侵蚀试验研究。借助该方法，确定了多个对径流和侵蚀影响显著的因素，积累了大量水土流失基本资料，并在此基础上产生了许多土壤侵蚀模型，如用得最为广泛的美国通用土壤流失方程(USLE)及随后修正的通用土壤流失方程(RUSLE)、流域水土资源的管理模型(SWRRB)等。我国自 20 世纪 40 年代以来，开始定量观测坡面侵蚀，20 世纪 70 年代以后，对土壤侵蚀的定量研究开始予以重视，如蒋德麟、江忠善、李占斌、蔡强国、田均良、郑粉莉等先后做了许多工作，取得了一些有价值的成果。但是通过试验小区所获得的数据并不能反映较大尺度空间的实际情况，譬如在揭示不同地形和不同部位的侵蚀速率的分布规律时，往往与实际情况相差较大，同时设置径流小区也会引起原有地貌的改变，减弱了研究结果的可靠性，使定量描述侵蚀的物理过程的难度增加。此外，运用该法所获得的仅仅是坡面的土壤流失量，对于揭示坡面内土壤侵蚀的内在机制还是远远不够的。近年来，计算机技术的迅猛发展和核素示踪技术的普及，开辟了土壤侵蚀定量研究的新途径、新领域。

常用于土壤侵蚀研究的环境放射性核素有：人为产生的 ^{137}Cs、^{89}Sr、^{90}Sr、^{241}Am、^{3}H、^{131}I、^{134}Cs、^{14}C、^{85}Kr、^{238}Pu、^{239}Pu、^{240}Pu、^{241}Pu 等，存在于自然界的、由大气沉降的天然放射性核素 ^{7}Be、^{210}Pb 等。另外，

土壤和土壤母质中存在的核素 ^{226}Ra、^{232}Th 等也常常被用于示踪泥沙来源。人为放射性核素主要源于核武器爆炸和核泄漏事故，全球核武器试验主要集中在两个时期，即 1952~1958 年和 1961~1962 年，因为 1963 年 8 月 5 日苏联、美国和英国签订了禁止核武器试验的条约。全球性核素沉降出现在 1952 年，1954 年在土壤中第一次探测到了核素 ^{137}Cs。大气中核尘埃的产出期主要集中在 1956~1965 年，1964~1965 年核沉降达到峰值，1970 年以后核尘埃的沉降量很小。1986 年 4 月 26 日苏联的切尔诺贝利核泄漏事故导致北半球局部地区遭受较为严重的核污染。

在上面提到的示踪核素中，应用最广泛的要数 ^{137}Cs，技术也较为成熟，其原理是把 ^{137}Cs 输入的背景值作为基准，与研究区域内土壤中的 ^{137}Cs 含量进行比较，在核素损失量和土壤流失量之间建立起定量关系，以便确定 1954 年以来研究区域内土壤中核素的再分布情况。核素 ^{137}Cs 示踪法应用比较简便，大到流域尺度小到单个的土地单元都能适用，可以较快地了解一个坡面、一个流域内中长期的土壤侵蚀、沉积的空间分布特征，并且采样便捷经济，对土壤的扰动程度也最小。但该方法也存在一些问题，如由于各种因素的影响，^{137}Cs 背景值在时间和空间上呈现较大的变异性。

1960 年，Menzel 在美国威斯康星洲和乔治亚州的土壤侵蚀研究中首先引入了核素示踪方法，发现侵蚀小区上 ^{90}Sr 的损失量与土壤流失量之间存在着相关性，该法的量化程度也优于传统方法，因而备受人们的青睐，发展也较为迅速，为定量研究土壤侵蚀开辟了一条新思路。

Rogowski 和 Tamura 运用 ^{137}Cs 示踪技术对美国田纳西州的草地进行了研究，发现 ^{137}Cs 的损失量与土壤流失量之间呈幂函数关系，在对数刻度下，两者呈完全的线性关系；Ritchie 等选取美国密西西比州北部的三个小流域，研究不同土地类型侵蚀泥沙进入水库的泥沙量，发现 ^{137}Cs 的流失量与土壤流失量之间存在着良好的幂函数关系，土壤流失量可以根据 ^{137}Cs 流失的百分比来估算，并把不同土地利用方式下 ^{137}Cs 的流失量作了比较；20 世纪 70 年代中期，Simpson 等用 ^{137}Cs 等核素作为示踪元素，对北美大陆东部的哈德逊河流域进行研究，分析了核素在土壤和沉积物中的分布特征；Mchenry 分析了影响 ^{137}Cs 输移的物理化

学因素并用核素 ^{137}Cs 来估算土壤侵蚀量。由于 ^{137}Cs 示踪技术不需特殊设备，尤其值得一提的是，它能够估算多年土壤侵蚀量，即使不进行校正，用所测的土壤中的 ^{137}Cs 含量就能得到相对土壤侵蚀率，来说明坡地的侵蚀与沉积，反映一个流域土壤侵蚀和沉积的变化。此外，该方法还能用于探索侵蚀泥沙的来源及其输移路线。根据土地管理方式，借助 ^{137}Cs 示踪技术还能评价土壤侵蚀状态和程度。1970 年后期，因为比传统方法更具潜力和优越性，^{137}Cs 示踪方法被看作是一种定性或定量估算土壤再分布的工具，用其来示踪土壤侵蚀的定量模型引起学界的广泛关注。这些定量模型分为经验模型和理论模型两大类。

国际原子能机构(IAEA)一直致力于环境核素示踪技术的研究与开发，用以 ^{137}Cs 为主流的环境放射性核素来示踪、评价土壤流失和水土保持措施便是其中之一。20 世纪 80 年代以来，采用 ^{137}Cs 技术来开展土壤侵蚀等环境问题研究的文献逐年大量地增加。国外学者，如Longmore、Spomer、Soileau、Claude、Busacca、Cao、Wauters、Sutherland、Bremer、Pennock、Owens、Bajracharya、Stefano、Wiranatha 以及国内的张信宝、吴永红、赵纯勇、文安邦、杨明义、濮励杰、李勉、王晓燕、李仁英、贺秀斌、郑进军、侯建才、张治伟、张明礼、王小雷、张利华等或者利用 ^{137}Cs 技术来实地验证模型，或者利用这些模型对土壤侵蚀作了更深入的研究。如 Murry 等根据泥沙剖面、土壤剖面中 ^{137}Cs 的含量和分布特征，来估算表层和底层土壤对蓄水区泥沙的贡献率；Collins等把质量平衡模型应用于赞比亚南部的 Upper Kaleya 河流域，发现土壤侵蚀速率随土地利用类型的不同而差异较大；Schuller 等提出了一种通过改进耕作措施来估算土壤侵蚀率的新方法，他们在智利的 Buenos Aires 农场推行免耕措施，以替代传统的耕作方法，通过测量免耕前后 ^{137}Cs 在土壤剖面的分布变化，来估算年侵蚀率或沉积率，结果表明：采用先进的耕作管理与传统耕作相比，土壤侵蚀率大大减小；张信宝、杨明义等也分析了不同流域的各个源地对泥沙的相对贡献率。

总之，^{137}Cs 技术作为定量估算土壤再分布的一个工具，具有相当大的潜力和优越性：首先，该技术能够提供研究区内中期（约 50 年）的土壤再分布的形式和侵蚀速率；其次，该技术结合了风蚀、水蚀、人类活动、沉积过程等外营力的影响，既可用于小尺度的土地单元，还可以应用于流域尺度上；最后，该技术采样便捷经济，采样时对土壤的扰动程度最小且不需要永久性的固定土壤结构。

2.3.2 淤地坝减蚀机制研究进展

在沟道中修筑淤地坝进行拦泥蓄水、淤地造田是黄土高原地区百姓在长期实践中总结出来的防治水土流失和洪水灾害的宝贵经验，是治理黄土高原水土流失的主要工程措施，在发展农业生产、控制入黄泥沙方面发挥着重要作用。新中国成立初期，国内在筑坝技术、淤地坝系规划设计、运行管理与养护等方面开展了许多研究工作，兴建了一批示范坝系，使我国淤地坝建设有了长足的发展。进入 20 世纪 80 年代，在对所建坝系调研、总结的基础上，开始从理论上对坝系进行系统研究。通过对已建坝系调查分析，发现坝系相对稳定是一种客观存在的事实，可以作为指导坝系建设和管护的依据。所以，此间许多科研项目都是围绕这一宗旨而展开的，如"八五"国家科技攻关项目、水利部黄河水沙变化研究基金、黄河水利委员会水土保持基金等相继资助通过试验对坝系相对稳定理论开展研究，而这些研究都离不开对淤地坝减水减沙作用及其机制的分析，因为此项研究是其中的重要组成部分。

黄土高原的千沟万壑是土壤侵蚀的产物，其水土流失最为严重。国内多位学者对此进行了研究，朱显谟把整个水蚀分为溶蚀、片蚀和沟蚀三种形式，并对黄土区片蚀和沟蚀的产生、发展及各阶段的发育特征进行了系统阐述；王万忠对黄土地区的 5 个降雨参数与土壤流失量进行了研究，发现 10~30 min 最大次降雨量的瞬时雨率与土壤流失量的相关性最为密切；唐克丽等在剖析暴雨、径流、侵蚀三者关系的基础上，探讨了黄河中游粗颗粒泥沙的来源及其随流输移的规律，并对水保措施的减蚀效益进行了研究；张科利在径流小区上采用人工模拟降雨装置进行试验，研究浅沟发育对坡面土壤侵蚀的影响，结果表明浅沟的存在会增加坡面和沟道的侵蚀量；郑粉莉等在子午岭通过野外观测和人工模拟降雨试验，研究了人为的植被破坏与自然恢复对土壤侵蚀演变的影响，发现人为破坏植被会加速土壤侵蚀，而植被在自然恢复过程中，能有效控制沟谷侵蚀和重力侵蚀，植被自然恢复后，坡面的土壤侵蚀基本不再发生，地形和降雨因素对侵蚀的作用不是很明显；蔡强国、王万忠等在对大量野外径流小区观测资料与模拟降雨试验资料分析的基础上，用模型对黄土高原丘陵沟壑区的土壤侵蚀进行模拟，来计算次降雨侵蚀产沙量；景可等分析了应用于黄土高原的主要水土保持措施的水文效应及其对水资源的影响，并对其未来的减水减沙效益进行了预测。其他还有刘元宝、田均良、周佩华等或采用不同方法、或从不同方面对黄土高原地区的土壤侵蚀进行了研究。

　　黄河水患的结症在于泥沙。黄土高原的千沟万壑是黄河泥沙的主要来源地，其产生的大量泥沙不但使河道淤塞，而且不断抬高下游的河床，导致部分河段成为"地上悬河"。在沟道中修筑淤地坝来防治水土流失是黄土高原地区的群众在长期实践中的独创。实践证明：大规模修建淤地坝于黄土高原的沟壑中，可以快速有效地截断沙源，封住泥沙从源头向下游输送的通道。由此可见，淤地坝工程是根治"悬河"之危、确保黄河安澜、再造秀美山川的有效措施。国外在运用工程措施来治理沟道方面研究颇多，但主要侧重于大型坝和建筑材料，对淤地坝建设技术很少涉及；国内对淤地坝侵蚀规律的研究侧重于建坝前次降雨洪水过程引起的坡面土壤侵蚀产沙规律及输移特性，而针对淤地坝的研究往往是其减水减沙效益或泥沙来源，对淤地坝修建后一定时间内流域土壤侵蚀特性的研究非常少，对泥沙沉积规律和土壤侵蚀产沙的关系也鲜有涉及。淤地坝修建后，因为拦泥淤地，无形中抬高了原有沟道的侵蚀基准面，在一定范围内抑制了重力侵蚀和沟蚀的发展，其土壤侵蚀特性也发生相应的变化，这种变化在淤地坝发展的不同阶段具有不同的特征。此外，淤积在淤地坝内的泥沙赋存了建坝以来小流域土壤侵蚀、泥沙来源的历史变化过程和规律等大量信息，这些信息可以为小流域综合治理和水土保持措施的合理配置提供依据。国外利用 [137]Cs 示踪技术和其他方法对土壤侵蚀作了大量研究，硕果累累，但由于黄土高原独特的地貌和复杂的地形环境，这些成果尚无法直接应用；新中国成立初期由于技术手段的制约，国内进行的多是泥沙来源和侵蚀产沙量的估算。如罗来兴等在调查天然聚湫和谷坊、堰塘的基础上，对无定河和清涧河流域的年侵蚀量进行了推算；席承藩等对新近下切的黄土沟进行量测，估算了韭园沟流域的年均侵蚀量；此后，一些学者也通过各种方法在不同流域作了类似的研究，但对沉积于聚湫、谷坊、塘堰和坝地的泥沙的动态变化研究甚少。直到最近几年，张信宝、侯建才、李勉先后用 ^{137}Cs 示踪技术，把坝地剖面的泥沙淤积量与当地的历史降雨场次进行对应，来推求流域的产沙量、侵蚀强度和泥沙来源，为科学估算坡沟系统的水土流失量提供了一种新思路。

总结前人的研究，淤地坝拦沙减蚀机制主要表现在以下几个方面：第一，使侵蚀基准局部抬高，缩短了沟坡长度，减缓了重力侵蚀和沟蚀的发展；第二，运行初期淤地坝能够利用其库容拦沙蓄水、削减洪峰，减轻了对下游沟道的冲刷；第三，运行后期淤地坝能够淤坝成地，使沟道的产汇流条件随之改变，从而减缓了地表径流和洪水泥沙；第四，坝地土壤肥沃，有利于提高农业单产，有助于人们改变陡坡耕垦的陋习，促进退耕还林还牧工作的开展，减少坡面水土流失，如果在淤平的坝地上推行节水灌溉技术，可以推动生态型、节水型淤地坝建设工作的进行。

2.4 研究目的与研究内容

2.4.1 研究目的

（1）以 ^{137}Cs 为示踪核素，来揭示小流域土壤侵蚀在空间的分布与分异规律及影响土壤侵蚀的因素，为水土保持措施的合理布设提供依据。

（2）通过对淤地坝淤积过程及淤积泥沙预测模型的研究，阐明淤地坝修建后的巨大减蚀作用。

（3）对淤地坝不同年份泥沙淤积速率与侵蚀强度进行分析，剖析流域侵蚀产沙强度的变化规律，为坝系的合理布设提供参考。

2.4.2 研究内容

以河南嵩县贾寨川小流域内南沟淤地坝所控流域为研究对象，在前人研究的基础上，主要从下述几个方面开展研究：

（1）小流域土壤侵蚀在空间的分布与分异。

在小流域的不同地貌部位和不同土地利用类型上选取样点并挖取土壤剖面，据其核素 ^{137}Cs 的含量，来分析小流域土壤侵蚀的空间分布特征，以探寻其分异规律和影响因素。

（2）淤地坝的泥沙淤积过程及淤积特征。

在泥沙淤积过程中，根据坝地各场洪水沉积旋回层中 ^{137}Cs 含量的动态变化，量测剖面中各次降雨旋回沉积泥沙的面积和厚度，结合该流域的历史降雨洪水资料，进一步剖析泥沙沉积过程中坝地泥沙的来源、组成以及沉积速率。

（3）小流域土壤侵蚀的统计模型。

利用当地历年逐日降雨资料与计算的次降雨泥沙淤积量，研究小流域次降雨产沙量与次降雨的几个特征指标的关系，用数理统计理论进行统计分析，以寻找引起土壤侵蚀的关键因素并建立小流域土壤侵蚀的统计模型，为豫西山区没有水文实测资料的地区进行流域综合治理、合理配置水保措施提供新的思路。

（4）坝地泥沙淤积过程中小流域侵蚀产沙强度的演变规律。

根据坝地泥沙沉积剖面中 ^{137}Cs 的浓度变化，结合当地的历史降雨资料，揭示南沟坝在初建和发育过程中小流域的泥沙沉积速率和土壤侵蚀产沙强度的演变规律。

2.5 贾寨川流域概况

2.5.1 自然条件与社会经济情况

2.5.1.1 **自然条件**

贾寨川小流域位于河南嵩县县城西北部，系黄土高原丘陵沟壑区第三副区，属伊河水系一级支流，流域上部属何村乡，下部属城关镇，流域总面积 26 km²，其流域简图见图 2-5。该流域有大小沟道 50 余条，其中主沟道长约 13 km，平均比降 0.021 3，沟壑密度约 2.7 km/km²；土壤主要是棕壤，丘陵土层较厚，山区土层较薄，且多含碎石。该流域属暖温带大陆性季风气候，四季分明，冬季寒冷干燥，夏季炎热多雨，形成干湿、寒暖交替的特点，多年平均气温 14 ℃，无霜期 209 d，大于或等于 10 ℃ 的活动积温 4 582 ℃，全年日照时数 2 296 h，日照率 52%。该流域年蒸发量 1 597 mm，多年平均降水量 690 mm，且年际变化大，季节分配不均，7、8、9 三个月降水量占全年降水量的 53%，且多以暴雨形式出现，因而形成该流域少雨则旱，多雨则涝，暴雨则洪，旱、涝、洪交替发生的局面，加上该流域内植被稀少，土壤疏松，造成了严重的水土流失。主要表现为土层变薄，肥力下降，部分山坡地砂砾化，严重缺磷、少氮，山洪暴发，冲毁库坝和威胁群众生命财产安全。如 1982 年 7 月的一场暴雨，冲毁淤地坝 14 座，大小桥涵 12 座，冲压耕地 300 余亩，冲毁农作物 900 余亩，损失粮食 18 万 kg。严重的水土流失造成了该流域生态环境恶化，粮食产量低而不稳，群众生活水平极其低下的局面。

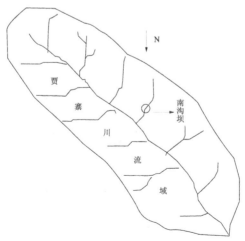

图 2-5 贾寨川小流域简图

2.5.1.2　社会经济情况

该流域治理前 1982 年农业总产值 245.9 万元，粮食总产量 200.8 万 kg，人均产粮 310.3 kg，人均纯收入 243 元，1998 年该流域农业总产值达 2 195.8 万元，粮食总产量 489.2 万 kg，人均产粮 653 kg，人均纯收入达 1 905 元。

2.5.2　水土保持治理现状

由于自然因素和人为因素的影响，该流域水土流失面积达 22 km²，占流域总面积的 84.6%。1999 年该流域被确定为全国水土保持生态环境建设"十百千"示范工程示范小流域，在上级业务部门的大力支持和帮助下，通过流域内广大干群的不懈努力，到 20 世纪末，该流域共完成水土流失治理面积 16.62 km²，其中坡改梯 7 500 亩，改河造地 948 亩，沟坝地 235 亩，水保造林 7 451 亩，栽植经济林 7 225 亩，封禁治理 1 565 亩，修建淤地坝 6 座，护地坝 2 500 m，排洪渠 1 700 m，水塘 7 座，建人畜吃水工程 22 处，解决了 1 920 人吃水困难。总之，通过水土保持综合治理，该小流域形成了完整的防护体系，取得了较好的效果。

2.5.2.1　坡面防护体系

根据工作措施与生物措施相结合的原则，沿坡面自上而下、因地制宜地修建各种坡面工程，营造适地的水保防护林。对大面积的荒山，根据不同的地质条件修建各种不同的造林整地工程：对于坡面较缓、土层较厚的坡面，修反坡梯田或抽槽整地；对于 25°以上比较完整的坡面，采取挖鱼鳞坑或林带等措施；对于坡度较大、坡面零碎的地方，采取穴状整地等措施；对于 25°以下的坡耕地，采取有计划地修建水平梯田等措施。十几年来共修水平梯田 7 500 亩，栽植水保林 7 451 亩，经济林 7 252 亩，在原有的经济林内一方面采取封育，另一方面采取补植。这样，以工程措施促生物措施，以生物措施护工程措施，出现了大面积的荒山绿化、四旁绿化和水平梯田，大面积坡面形成了有机的防护体系。

2.5.2.2　沟道防护体系

按照先上后下，自沟头到沟口，先毛沟后支沟，最后干沟的顺序，在沟道内节节修建了各种拦沙蓄水工程。在支毛沟内主要修筑土谷坊、淤地坝、水池等。在干沟内主要修建护地坝和排洪渠等工程，形成了层层设防、节节拦蓄的沟道防护体系。

在流域的综合防护体系建设中，始终贯彻落实"预防为主，全面规划，综合防治，因地制宜，加强管理，注重效益"的水保方针，坚持集中连片、规模治理、科学规划、合理切块，地埂沿等高线布设，大弯就势，小弯取直，田、林、路、渠统筹安排，田面平整，地坎整齐规范，分层夯实；根据立地条件，按适地适树的原则选择树种，先整地后造林。按照《水土保持综合治理技术规范 风沙治理技术》（GB/T 16453.5—2008）规定的设计标准和施工方法建立了一批坡改梯、改滩造地、经济林等重点示范工程，起到了拦沙、缓洪的良好效果，在广大干群中引起了强烈反响。

总之，经过十几年的综合治理开发，有效地控制了水土流失，粮食产量稳步增长，基础设施条件明显改观，群众生活水平有了较大提高，土壤侵蚀模数由原来的 5 375 t/（km²·年）减少到目前的 1 140 t/（km²·年）。

2.5.3 综合治理效益

贾寨川小流域经过十几年的综合治理开发，已初步形成了工程措施与生物措施相结合的防护体系，达到了小流域治理示范的预期目的，其治理前后基本情况对比如表2-1、表2-2所示。

表 2-1 贾寨川小流域治理前后基本情况对比

类别	项目	1982 年	1998 年	增、减
基本情况	流域面积（亩）	39 000	39 000	
	水土流失面积（亩）	33 000	33 000	
	行政村数（个）	6	6	
	户数（户）	1 360	1 842	+482
	人口（人）	6 471	7 492	+1 021
	劳力（人）	2 762	3 496	+734

续表 2-1

类别	项目		1982 年	1998 年	增、减
土地利用结构	农地（亩）		17 296	11 293	- 6 003
	其中	梯田（亩）		7 500	+7 500
		沟坝地（亩）		235	+235
		改河造地（亩）	53	948	+895
		坡耕地（25º以下）（亩）	12 233	2 610	- 9 623
		坡耕地（25º以上）（亩）	5 010		- 5 010
	林地（亩）		8 653	16 241	+7 588
	其中	人工造林（亩）	8 653	14 676	+6 023
		封山育林（亩）		1 565	+1 565
	荒山荒坡（亩）		3 580	2 456	- 1 124
	非生产用地（亩）		9 471	9 010	- 461
产出	总产值（万元）		245.9	2 195.8	+1 949.9
	人均产值（元）		380	2 930.9	+2 550.9
	人均纯收入（元）		243	1 905	+1 662
	粮食总产量（万 kg）		200.8	489.2	+288.4
	人均产粮（kg）		310.3	653	+342.7

表 2-2　贾寨川示范小流域产值变化对比

项目		1982 年	1998 年	增、减
总产值（万元）		193.66	2 195.8	+2 002.14
农业	产值（万元）	98.1	870.3	+772.2
	比例（%）	50.66	39.63	− 11.03
林业	产值（万元）	68.0	561.6	+493.6
	比例（%）	35.11	25.58	− 9.53
牧业	产值（万元）	16.78	375.4	+358.62
	比例（%）	8.66	17.10	+8.44
副业	产值（万元）	10.78	388.5	+377.72
	比例（%）	5.57	17.69	+12.12

2.5.3.1　经济效益

随着流域治理程度的提高和各业生产开发的同步发展,农业生产基础条件不断得到改善,粮食生产逐年增长,经济收益与日俱增,实现了该小流域既是水土保持示范区又是商品生产基地的目标。1998 年该流域农业总产值达 2 195.8 万元,农民人均纯收入达 1 905 元,分别比治理前增长 7.9 倍和 6.7 倍。粮食总产量达 489.2 万 kg,人均产粮 653 kg,分别比治理前增长 1.4 倍和 1.1 倍,群众生活水平较过去有了显著提高。

2.5.3.2　蓄水保土效益

经过流域的综合治理,不仅流域内的经济效益有了明显的变化,而且蓄水保土效益也有较大提高。截至 1998 年年底,共治理水土流失面积 24 924 亩，水土流失治理程度达到 75.5%，土壤侵蚀模数由治理前的 5 375 t/（km² ·年）减少到目前的 1 140 t/（km² ·年），减沙效益达 78.8%，每年可拦蓄泥沙 11.0 万 t，蓄水效益达到 59.3%。

2.5.3.3 社会效益

流域治理工作期间共举办各类专业技术培训班 21 期，参加学习 1 568 人次。通过重点工程的示范和"派出去、请进来"等多种形式，劳动力素质大大提高，科学种植、科学管理、科学经营的水平提高，为商品经济的发展奠定了基础，群众生活有了明显的改善。由于各类治理措施进行了科学规划、科学施工，形成了完整的防护体系，有效地控制了水土流失，减少了下游河道、库塘的淤积，减轻了洪水对下游的威胁。由于基本农田的增加和坡耕地的减少，粮食产量大幅度提高，粮食亩均产量由 1982 年的 116.1 kg 增长到目前的 433.2 kg，增长了 273.1%。另外，流域治理期间基础设施的改善，使一大部分劳动力从农业生产及其他产业中解脱出来，去从事工、副业生产，提高了经济收入。近年来，流域内广大干群学知识、学科学、学技术的热潮空前高涨，促进了社会的进步和精神文明建设。随着群众收入和生活水平的提高，摩托车、彩电、运输农用车也进入了农家院舍。

2.5.3.4 生态效益

通过流域的综合治理开发，不仅提高了经济效益和社会效益，而且生态环境也有了明显改观。首先，改善了土壤理化性状。由于各类工程措施、植物措施的蓄水保土保肥作用加速了有结构（海绵状）土壤的形成和土壤熟化过程，从而改善了土壤理化性状。据测定，在 0~60 cm 土层中梯田较坡耕地的土壤容量减小 8.5%，孔隙度增加 4.8%，饱和水含量增加 13.7%，田间持水量增加 17.3%，有机质含量提高 1.5 倍，全氮和速效磷含量提高 1 倍以上。其次，由于植被度和森林覆盖率的增长，动植物品种明显增多。经过封山育林和植树造林，流域内林地面积由治理前的 8 653 亩增加到现在的 16 241 亩，昔日的荒山秃岭披上了绿装，动植物品种明显增加，昔日不见的野鸡、喜鹊、刺猬等动物也已在此安营筑巢。

2.6 土壤颗粒中 ^{137}Cs 的分布特征

2.6.1 样品的采集与测试

在该研究区的不同地貌单元、不同土地利用类型及淤地坝坝地淤积剖面的不同旋回层采集土样,分析其机械组成,以便判断侵蚀土壤在迁移过程中是否存在分选性,据此判断、确定采用 ^{137}Cs 法示踪土壤侵蚀在该流域的可行性。

2.6.2 示踪核素 ^{137}Cs 在土壤颗粒中的分布

经 GEM-60 型高纯锗γ射线能谱仪分析测定, ^{137}Cs 含量与土壤颗粒机械组成之间有如图 2-6 所示的关系。该结果表明: ^{137}Cs 主要与土壤的细颗粒结合,土壤颗粒直径越小,核素 ^{137}Cs 的含量越大,主要包含在粒径小于 0.01 mm 的黏性颗粒中,这与杨明义、李勉、王晓燕等的研究结果一致。

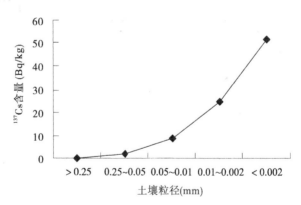

图 2-6 研究区土壤中 ^{137}Cs 含量与其颗粒机械组成的关系

2.6.3 土壤、泥沙颗粒的机械组成分析

对研究区不同地貌部位、不同土地利用类型的土壤样品和泥沙淤积样品进行采集并分析其机械组成,结果如表 2-3 所示。

表 2-3　土壤、泥沙颗粒的机械组成分析

样点	深度 (cm)	各级粒径质量百分比（%）				
		> 0.25 mm	0.25~0.05 mm	0.05~0.005 mm	0.005~0.001 mm	< 0.001 mm
草地	0~30	0.55	19.73	65.37	7.57	6.78
		0.81	19.39	65.53	7.17	7.10
林地	0~30	0.75	19.40	67.13	7.50	5.22
		0.78	21.78	68.20	5.13	4.11
农耕地	0~20	0.69	19.92	66.71	5.86	6.82
	20~30	0.72	21.16	65.40	6.31	6.41
梯田	5~15	0.51	22.33	64.06	7.90	5.20
	10~20	0.84	23.28	63.78	7.25	4.85
坝地		0.52	21.63	65.29	4.22	4.34
		0.48	23.39	65.97	5.23	4.93

由表 2-3 可知，除草地和农耕地、梯田的颗粒组成略有差异外，林地、坝地的不同旋回层中泥沙沉积颗粒的组成变化不大。黄土高原是世界上最适宜用核素示踪技术示踪土壤侵蚀的地区之一，因为黄土颗粒的机械组成比较细、质地均一，由表 2-3 可见，在该区域采用 ^{137}Cs 技术研究土壤侵蚀也是合适的。

2.7　核素 ^{137}Cs 在土壤剖面中的分布规律

^{137}Cs 降落到地表后，在与土壤结合的过程中，由于土壤质地和结构不同，其在不同的土壤剖面中的分布规律也不同。就同一个研究区而言，在不同土地利用类型中，土壤剖面中 ^{137}Cs 的分布也有相当大的差异性，研究这种差异性既是采用核素来示踪土壤侵蚀的基础，也便于正确选择土壤侵蚀模型进行预测。

2.7.1　样品的采集与测试

土地利用方式不同意味着对土壤有不同的扰动程度，从而导致 ^{137}Cs 在土壤剖面中不同的分布特征，采用 ^{137}Cs 技术估算土壤侵蚀速率时，需要根据土壤剖面中 ^{137}Cs 的分布形式来确定侵蚀模型，因此需要分析坡面上不同土地利用方式的土壤剖面中 ^{137}Cs 的分布特征。本书主要以坡耕地、次生林地、草地为研究对象，选取这三种土地利用类型的典型剖面，研究这些土壤剖面中 ^{137}Cs 的分布形式。

农耕地土壤剖面按照每 5 cm 的间隔分层采样，采样深度为 30~40 cm；草地、林地的采样按照如下方式：表层分层较细，按 3 cm 间隔采样到 9 cm，以下按 5 cm 间隔采样，采样深度 40 cm。所采集的土样经一系列处理后，制成待测样品。

2.7.2　土壤剖面中 ^{137}Cs 的分布特征

2.7.2.1　农耕地土壤剖面中 ^{137}Cs 的分布特征

图 2-7 为农耕地土壤剖面中 ^{137}Cs 的分布特征。由该图可知，^{137}Cs 主要分布在 0~20 cm 的土层中，20 cm 以下分布很少，且在 0~20 cm 土层中的分布比较均匀。这主要是因为豫西山区农耕地的耕层厚度一般在 20 cm 左右，人为耕作活动和经常翻动土壤使犁耕层内的土壤混合较为均匀，很少一部分 ^{137}Cs 由于水和风的物理作用发生迁移或因为动物扰动被移到耕层以下。因此，扰动土壤剖面中，可以认为 ^{137}Cs 在耕层内基本上是呈均匀分布的。

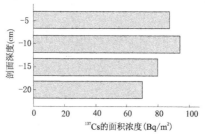

图 2-7　农耕地土壤剖面中 ^{137}Cs 的分布特征

2.7.2.2 非农地土壤剖面中 ^{137}Cs 的分布特征

图 2-8 反映的是人工刺槐林地土壤剖面中 ^{137}Cs 的分布特征, 图 2-9 则反映的是荒草坡下半坡土壤剖面中 ^{137}Cs 的分布特征。从这两幅图可以看出: ^{137}Cs 主要富集在土壤表层 0~20 cm 中, 与他人的研究结果相比, 富集较深。^{137}Cs 含量最高值并不在土表的最表层, 这种现象在国内外其他学者的论文中也有描述, 原因可能来自两个方面: 一是表层富含 ^{137}Cs 的土壤黏粒由于长期重力或水蚀作用缓慢向下迁移, 从而使本来就含有 ^{137}Cs 的亚表层土壤中的 ^{137}Cs 含量更高; 二是因为风蚀, 表层富含 ^{137}Cs 的土壤细颗粒被风吹走, 表层土壤逐渐粗颗粒化, 导致亚表层土壤中 ^{137}Cs 含量相对较高。此外, 非农地 ^{137}Cs 的分布与农耕地剖面中的分布有着非常明显的差异, 图 2-8 中, 随着深度的增加, ^{137}Cs 的含量逐渐减少; 图 2-9 中, 在 0~20 cm 内, ^{137}Cs 呈不均匀分布状态, 超过 20 cm 后, ^{137}Cs 的含量迅速减少到 0。

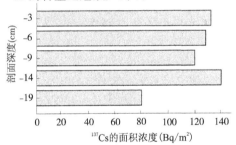

图 2-8　人工刺槐林地土壤剖面中 ^{137}Cs 的分布特征

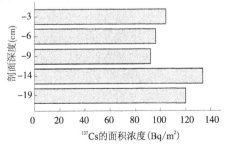

图 2-9　荒草坡下半坡土壤剖面中 ^{137}Cs 的分布特征

2.8 小流域坡面 ^{137}Cs 含量的分异特征

人工环境核素 ^{137}Cs 在坡面的再分布主要是由于水蚀和耕作作用，人为耕作将土层上部的土壤翻运到下部，使 ^{137}Cs 的面积浓度随着剖面深度呈增加的趋势，但其总量并没有改变；水力侵蚀是通过径流把一部分泥沙搬运出坡面，另一部分沉积于土层内。发生在坡面的水力侵蚀与地形地貌关系密切，具体而言，其受坡度、坡长和坡向的影响较大，因此研究坡度、坡长和坡向对坡面 ^{137}Cs 含量的影响十分必要。

2.8.1 样品的采集与测试

2.8.1.1 样品的采集

本研究在贾寨川小流域南沟淤地坝坝控流域的支沟两侧分两条线路从坡顶向下沿水流方向每隔一定间距采集土样，样点涵盖流域内梁、坡、沟三种地貌单元，包括林地、坡耕地、草地等几种土地利用方式，样点的空间分布如图 2-10 所示。

样品分全样和分层样两种。全样用土钻采取，把土钻垂直坡面钻入一定的深度，取出完整的土样；分层样是在 10 cm×20 cm 的面积上，剔除表面的杂草后用小铲刀取样。非耕作土壤以 3 cm 的间隔取样至 9 cm，其下以 5 cm 间隔取样；耕作土壤以 5 cm 的间隔取样。取样的最大深度一般都在 30 cm 左右。

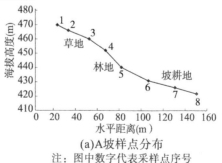

(a)A坡样点分布

注：图中数字代表采样点序号

图 2-10 A、B 坡面样点的空间分布

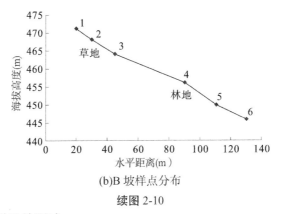

(b)B 坡样点分布

续图 2-10

2.8.1.2 样品的测试

样品需要测试的指标主要有土壤容重和 ^{137}Cs 的含量。土壤容重采用环刀法测定。^{137}Cs 含量的测定:将野外采集的土壤样品先进行自然风干,剔除其中的杂草、树叶和小石块,进行研磨后过 1.0 mm 的筛。在 105 ℃左右的烘箱中烘至恒重,冷却后用精度为 0.01 g 的天平称取约 400 g,放在同种规格的塑料容器中,然后用 GEM-60 型高纯锗γ射线能谱仪测定核素含量。^{137}Cs 的质量浓度根据 662 keV 射线的全峰面积求得,并依据式(2-4)换算成相应样点的 ^{137}Cs 的面积浓度。

2.8.2 ^{137}Cs 含量随坡长的变化

图 2-11 表明了 ^{137}Cs 面积浓度在坡面上的分布状况。由图可知,^{137}Cs 的空间分布具有很大的变异性。图 2-11(a)反映的是 ^{137}Cs 面积浓度沿 A 坡的分布状况,其中上部主要为草地和林地,下部为坡耕地,耕作土壤中的 ^{137}Cs 含量明显低于非耕作土壤,这主要是因为陡坡耕作方式加剧了土壤的可蚀性;而在非耕作土壤中,由于植被截留降水,减少了雨滴的冲击,减弱了对土壤的侵蚀强度,土壤的抗蚀能力大大提高,因而 ^{137}Cs 含量相对较高。B 坡原为荒坡,后来进行植树造林,但效果不好,可能是水土流失比较严重,致使土壤肥力下降,该坡上半坡 ^{137}Cs 含量不高,下半坡 ^{137}Cs 含量较高。

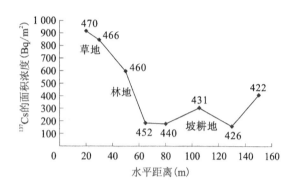

(a)^{137}Cs 面积浓度沿 A 坡的变化

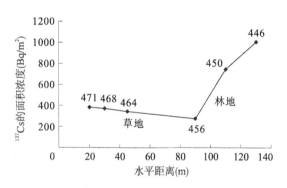

(b)^{137}Cs面积浓度沿B坡的变化

注：图中数字代表高程，单位m

图 2-11　^{137}Cs 面积浓度沿 A、B 坡的变化

2.8.3　^{137}Cs 含量随坡度的变化

汪阳春等认为 ^{137}Cs 含量随坡度的变化比较复杂，有的呈逐渐增加趋势，有的先增加，后又突然减少，说明核素 ^{137}Cs 的含量与坡度的关系比较密切。由图 2-12 可知，^{137}Cs 的含量随着坡度的变化比较复杂，总体来说，坡度越大，^{137}Cs 的含量越低，但所处的坡位不同又有所不同。图 2-12(a)中，上半坡 ^{137}Cs 的含量较高，但坡度相对较小，下半坡坡度变化较大，有陡坡，也有缓坡，缓坡处 ^{137}Cs 的含量略高于陡坡；图 2-12(b)中，上半坡随着坡度逐渐增大 ^{137}Cs 的含量相应减少，下半坡坡度渐趋平缓，相应的 ^{137}Cs 的含量逐渐增高。

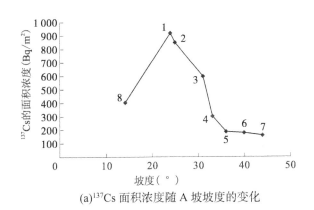

(a)^{137}Cs 面积浓度随 A 坡坡度的变化

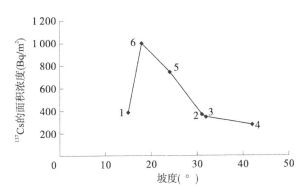

(b)^{137}Cs面积浓度随B坡坡度的变化

注：图中数字代表采样点序号

图 2-12　^{137}Cs 面积浓度随 A、B 坡坡度的变化

2.8.4 坡长与坡度对坡面 ^{137}Cs 含量影响的显著性分析

本研究中，A 坡选了 8 个样点，B 坡选了 6 个样点，这 14 个样点中 ^{137}Cs 的面积浓度与坡度的线性回归方程为：$y=1\ 015.922-18.336x$，相关系数 $r=0.614\ 8$，$p=0.019<0.05$，影响显著；其指数回归方程为：$y=1\ 481.813e^{-0.044x}$，$r=0.694\ 3$，$p=0.006<0.05$，影响显著。

对所有样点中 ^{137}Cs 的面积浓度与坡长进行相关分析，其线性回归方程为：$y=543.586-0.841x$，$r=0.130\ 4$，$p=0.657>0.05$，影响不显著；其指数回归方程为：$y=492.506e^{-0.003x}$，$r=0.1871$，$p=0.519>0.05$，影响不显著。

通过上述分析可知，就所选的小流域而言，影响 ^{137}Cs 含量的两个主要因素中，坡度的影响明显大于坡长。

2.8.5 坡面 ^{137}Cs 含量与坡长、坡度的双因素分析

坡面 ^{137}Cs 含量的变化主要是水力侵蚀和耕作作用的结果，但坡度和坡长等地貌因素会影响坡面的土壤侵蚀，从而影响坡面 ^{137}Cs 的分布。

从表 2-4、表 2-5 可知，A 坡的坡度和坡长对坡面 ^{137}Cs 含量的联合影响不显著，其方差分析的 $p=0.107>0.05$；两者对坡面核素含量分布的影响也不显著，坡度对 ^{137}Cs 含量影响的 $p=0.151$，坡长对 ^{137}Cs 含量影响的 $p=0.750$，均大于 0.05，但坡度的影响略大于坡长。

表 2-4 A 坡坡面 ^{137}Cs 含量与坡长、坡度的二元方差分析

项目	平方和	自由度	均方和	F	p
回归分析	1 188 979.038	2	594 489.519	3.316	0.107
残差	1 075 591.077	6	179 265.179		
总计	2 264 570.115	8			

表 2-5　A 坡坡面 ^{137}Cs 含量与坡长、坡度的二元回归分析结果

项目	系数	标准误差	t	p	复相关系数
坡度	14.346	8.730	1.643	0.151	0.725
坡长	− 1.040	3.119	− 0.333	0.750	

由表 2-6、表 2-7 可以看出，在坡度、坡长联合作用下，B 坡坡面 ^{137}Cs 含量变化显著，其方差分析的 $p=0.011 < 0.05$；两者对坡面核素含量的回归分析结果，坡度的影响不显著，其 $p=0.943 > 0.05$，而坡长的影响显著，其 $p=0.026 < 0.05$。

表 2-6　　B 坡坡面 ^{137}Cs 含量与坡长、坡度的方差分析

项目	平方和	自由度	均方和	F	p
回归分析	1 819 546.680	2	909 773.340	16.909	0.011
残差	215 218.990	4	53 804.748		
总计	2 034 765.670	6			

表 2-7　B 坡坡面 ^{137}Cs 含量与坡长、坡度的二元回归分析结果

项目	系数	标准误差	t	p	复相关系数
坡度	− 0.439	5.724	− 0.077	0.943	0.946
坡长	6.832	1.988	3.438	0.026	

2.8.6　坡向对 ^{137}Cs 含量的影响

王晓燕采用坡长加权平均的办法来计算坡面的平均坡度、^{137}Cs 平均含量，公式如下：

$$\overline{G} = \sum_{i=1}^{n} \Big[G_1 \times D_1 + \frac{(G_1 + G_2)}{2} \times (D_2 - D_1) + \cdots + \frac{(G_{i-1} + G_i)}{2} \times$$
$$(D_{i-1} - D_{i-2}) + G_{i-1} \times (D_i - D_{i-1}) \Big] / D \qquad (2\text{-}5)$$

$$\overline{c}_A = \sum_{i=1}^{n} \Big[c_{A1} \times D_1 + \frac{(c_{A1} + c_{A2})}{2} \times (D_2 - D_1) + \cdots + \frac{(c_{A,\,i-1} + c_{Ai})}{2} \times$$
$$(D_{i-1} - D_{i-2}) + c_{A,i-1} \times (D_i - D_{i-1}) \Big] / D \qquad (2\text{-}6)$$

式中　$\overline{G}$——坡面平均坡度，(°)；

$\overline{c}_A$——坡面 ^{137}Cs 平均面积浓度，Bq/m²；

D——坡面总长度，m；

n——坡面的样点总数；

G_i——各样点的坡度，(°)；

c_{Ai}——坡面各样点 ^{137}Cs 的面积浓度，Bq/m²。

由式(2-5)、式(2-6)可得到 A、B 坡的坡面平均坡度和平均 ^{137}Cs 面积浓度，如表 2-8 所示。

表 2-8　不同坡向平均坡度和平均 ^{137}Cs 浓度

坡向	样点的土地类型	平均坡度(°)	^{137}Cs 面积浓度(Bq/m²)
A 坡	上半坡为林草，下半坡为耕地	30.7	452.6
B 坡	荒草坡	28.8	450.02

坡向不同，所受的光照强度和时间也不同，地热资源的分布和水分蒸发也因此受到影响。由表 2-8 可见，A、B 两坡，坡面平均 ^{137}Cs 浓度相差不大，但平均坡度相差很大。两坡都在流域的南方，只是 A 坡略朝向东南方，B 坡略朝向西北方，可能这点略微的差异对坡面 ^{137}Cs 平均面积浓度的影响不是很明显。

第3章 流域坡面土壤侵蚀强度估算及影响因素

3.1 示踪估算土壤侵蚀的 ^{137}Cs 模型

在对大量土壤侵蚀量和 ^{137}Cs 剖面分布数据对比研究的基础上，国内外学者提出了各种各样的土壤侵蚀量估算模型，这些模型大致可分为两类：经验模型和理论模型。前者是通过对现有数据进行统计分析而得出的土壤中 ^{137}Cs 含量与土壤侵蚀量之间的简单经验函数关系；后者是在对土壤侵蚀机制进行理论分析，综合考虑各种影响土壤侵蚀因子的基础上，建立的土壤侵蚀量与土壤剖面 ^{137}Cs 含量之间的关系。由于土壤本身的复杂性，再加之土壤侵蚀的影响因素众多，不同的模型得出的土壤侵蚀量往往相差几倍，甚至十几倍。因此，在分析、比较各种 ^{137}Cs 示踪模型的基础上，选取适合本研究的计算模型是十分必要的。

^{137}Cs 的大气沉降主要集中在 20 世纪 50~60 年代，其中 1963 年的沉降量最大，1970 年以后 ^{137}Cs 的沉降量较少。Owens 等(1997)进行统计分析后，发现 20 世纪 70 年代以前北半球 ^{137}Cs 的沉降量占总沉降量的 81.8%，70 年代以后占 18.2%，其中 1986 年苏联切尔诺贝利事件引起的 ^{137}Cs 沉降量占总量的 8.65%。因此，在应用 ^{137}Cs 模型计算 1970 年前后开垦的农耕地的侵蚀速率时，不能用相同的模型，因为不同开垦时期的 ^{137}Cs 的本底值很可能不相同。但到底该如何计算，这就需要具体问题具体分析。

3.1.1 核素 ^{137}Cs 示踪农耕地土壤侵蚀量的计算模型

3.1.1.1 开垦于 1970 年以前的农耕地的模型

此前开垦的农耕地比较稳定，开垦后土地利用方式没有大的改变。

计算此类农耕地土壤侵蚀量的 ^{137}Cs 模型很多，有经验模型和理论模型之分，这些模型都不同程度地存在着局限性。

1）经验模型

美国的 Ritchie 等(1974)把前人根据径流小区实测的、利用通用土壤流失方程 USLE 所得到的土壤侵蚀量与侵蚀小区量测的 ^{137}Cs 流失量进行了回归分析，建立了如下经验公式：

$$Y=1.60X^{0.68} \tag{3-1}$$

式中　X——^{137}Cs 的流失百分比(%)；

　　　Y——年均土壤流失量，t/hm^2。

之后，Campbell (1986)、Menzel（1987)、Loughran (1995)等沿用其思路得到了类似的关系式，此类统计模型可用下式来统一表示：

$$Y=aX^b \tag{3-2}$$

式中　a、b——待定参数。

Kachanoski 等认为，土壤侵蚀量与 ^{137}Cs 的流失量之间不可能仅仅是这种简单的关系，因为 ^{137}Cs 的剩余量与时间之间存在着明显的关系。由于 1970 年以后核尘埃降落量极微，式(3-2)已不再适用。

此类基于农耕地的经验模型尽管简便易用，但具有许多缺陷：第一，此类公式所求得的土壤侵蚀速率一般代表的只是侵蚀小区内的平均净土壤流失量，与所测得的采样点 ^{137}Cs 的损失量并不直接对应；第二，各样点的 ^{137}Cs 损失率反映的是自 ^{137}Cs 沉降开始后较长一段时间内的土壤侵蚀速率，而实测值仅仅意味着较短时期内的平均土壤损失量；第三，土壤具有相当大的空间变异性，而经验模型因地域和研究条件不同，也存在着很大的空间变异性，这就给经验模型推广应用造成障碍，同一模型难以在不同地理空间的土壤中应用；第四，如果径流小区是在 ^{137}Cs 的主要沉降期后建立的，其所采用的模型数据可能不准确，这是因为在建立径流小区时会扰动土壤，致使 ^{137}Cs 重新分布，将对 ^{137}Cs 的背景值产生影响。基于上述原因，该模型正在慢慢淡出人们的视野。

2）理论模型

理论模型从创立到现在，主要分为四种：比例模型、重量法模型、幂函数模型和质量平衡模型。

（1）比例模型。

比例模型是运用 ^{137}Cs 技术估算农耕地土壤侵蚀速率常用的理论模型。该模型有一个前提假设：认为 ^{137}Cs 沉降后与耕层是完全混合的，自 ^{137}Cs 在土壤中开始累积时算起，土壤流失量与土壤剖面中 ^{137}Cs 的损失量直接成比例，可用下式描述：

$$Y=bdX/(10 \times T) \tag{3-3}$$

式中　T——^{137}Cs 累积所历经的时间，年；

　　　d——耕作深度，m；

　　　b——土壤容重，kg/m^3；

　　　其余符号意义同前。

由于地区不同，面临的情况也会不同。Martz 等多位研究者根据具体问题对该模型进行了不同程度的修改，但基本形式还是一致的。此类模型中各参数的值比较容易确定，使用起来也非常方便，但因为前提假设太过于简单，所以许多缺陷随之而来：^{137}Cs 在农耕地沉降后，先在土壤表层进行富集，此时在犁耕层中呈不均匀分布，而后由于人为翻耕土壤，^{137}Cs 在耕层均匀混合，此间若发生土壤流失还会带走部分富集的 ^{137}Cs，故再次耕作前，用该模型算得的土壤流失量往往会偏大；假如耕作活动在发生土壤侵蚀而使 ^{137}Cs 部分流失后再进行，则 ^{137}Cs 的浓度被稀释，导致计算结果偏低。Walling 和 Quine 通过试验对该模型进行了研究，发现当 ^{137}Cs 的损失率高达 50%时，土壤的流失率则可偏低 40%以上。此外，还有许多因素该模型没有涉及，如发生 ^{137}Cs 沉降的时间、^{137}Cs 在土壤表层的初始分布及在其沉降以后由于物理的、化学的和生物的作用而产生的再分布。

（2）重量法模型。

Brown 等 1981 年用重量法模型来研究美国俄勒冈州威廉曼特峡谷西部小流域的土壤侵蚀速率，其原理是:沉积区 ^{137}Cs 的净增加量应该等于其在侵蚀区的净损失量。随后 Lowrance 等把未扰动林地的 ^{137}Cs 含量设为背景值，对 Brown 的模型进行了部分修正。Brown 和 Lowrance 的模型可概括为如下公式：

$$Y=10（A_b-A）c_s \cdot T \tag{3-4}$$

式中　Y——土壤流失量，kg/hm²；

　　　A——样点的 ^{137}Cs 总量，Bq/hm²；

　　　c_s——研究区当前土壤中 ^{137}Cs 的平均含量，Bq/kg；

　　　A_b——背景值点土壤中 ^{137}Cs 的总量，Bq/hm²；

　　　T——^{137}Cs 自开始沉积以来所历经的时间，年。

但是该模型也存在着不同程度的缺陷：该模型的主要目的在于估算特定区域的土壤平均侵蚀速率，这就需要在侵蚀小区上做大量的试验来确定 ^{137}Cs 含量，而有一些不确定性因素影响 ^{137}Cs 含量的确定；与比例模型一样，该模型也没有考虑 ^{137}Cs 在地表富集期间的土壤侵蚀和耕作稀释作用的影响，因此会使得估算的土壤侵蚀速率偏大；对于不同的采样点或不同的研究区，该模型都统一用一个参数（^{137}Cs 含量）来代表，这种做法使得采用 ^{137}Cs 技术来测量多年土壤平均侵蚀速率具有不连续性。

（3）幂函数模型。

Kachanoski 于 1993 年提出了形式较为简单的幂函数模型，该模型考虑了人为的犁耕活动对耕层 ^{137}Cs 活度的稀释作用，其模型如下所示：

$$Y=G[1-(A_n/A_0)^{-n}]/R \tag{3-5}$$

式中　Y——年均土壤侵蚀速率，kg/hm²；

　　　A_0——t_0 年土壤中 ^{137}Cs 的浓度，Bq/hm²；

　　　A_n——t_n 年土壤中 ^{137}Cs 的浓度，Bq/hm²；

　　　G——耕层的土壤质量，kg/hm²；

　　　R——侵蚀土壤与耕层土壤中 ^{137}Cs 的浓度比；

　　　n——t_0 年到 t_n 年的年数。

该模型虽然考虑了耕作活动的影响，但还是存在缺陷：主要是没有考虑 t_0 年以来 ^{137}Cs 的沉降量，故该模型通常只被用于近似推求 ^{137}Cs 在主要的历史沉降期后的土壤侵蚀量；此外，还有一个问题就是 R 值往往难以准确测定。

（4）质量平衡模型。

就应用范围而言，质量平衡模型目前比其他理论模型广，此类模型建立的基础是对土壤侵蚀机制进行理论分析，加入了一些新的因素，如

^{137}Cs 的沉降通量的年际变化对土壤侵蚀的影响。因此，相对其他模型而言，此类模型估算的土壤侵蚀速率更加可靠、准确。Kachanoski 基于农耕地中 ^{137}Cs 流失的物理模式，于 1984 年首先创立了该模型，在 ^{137}Cs 流失量与农耕地土壤损失量之间建立了理论关系，如下式：

$$U_t=(U_{t-1}+F_t-E_t\cdot c_t)\cdot L \tag{3-6}$$

式中　U_t、U_{t-1}——第 t 年、第 $t-1$ 年底土壤中 ^{137}Cs 的总量，Bq/m^2；

　　　　F_t——^{137}Cs 在第 t 年的沉降量，Bq/m^2；

　　　　E_t——^{137}Cs 在第 t 年的损失量，Bq/m^2；

　　　　c_t——耕层中 ^{137}Cs 的质量浓度，Bq/kg；

　　　　L——^{137}Cs 的衰变系数，一般取 0.977。

随后，Walling 和 Quine、He、Owen 等许多研究者以此为契机进行了深入的研究，运用其建模思想建立了如下的模型：

$$dU(t)/dt=(1-\varGamma)\cdot I(t)-(\lambda+P\cdot R/d)\cdot U(t) \tag{3-7}$$

$$\varGamma=P\cdot\gamma(1-e^{-R/H})$$

式中　$U(t)$——单位面积土壤中 ^{137}Cs 的总量，Bq/m^2；

　　　　$I(t)$——在第 t 年 ^{137}Cs 的沉积数量，Bq/m^2；

　　　　t——自 ^{137}Cs 开始沉降到采样时所历经的年份，年；

　　　　$\varGamma$——新沉降的 ^{137}Cs 在混入犁耕层前的损失率，一般经计算求得；

　　　　P——颗粒校正因子，通常用沉积土壤与流失土壤中 ^{137}Cs 的浓度之比来表示，该值一般大于 1.0，这是因为 ^{137}Cs 易吸附在粒径较小且易迁移的土壤颗粒表面；

　　　　γ——耕种前耕作土壤上的 ^{137}Cs 年沉降量中易受到侵蚀的比例，其值大小取决于耕作时间和当地的降雨时间分布；

　　　　d——犁耕层土壤的累积质量深度，kg/m^2；

　　　　R——年均侵蚀速率，kg/m^2；

　　　　λ——^{137}Cs 衰变常数，取 0.023；

　　　　H——分布在整个土壤剖面上 ^{137}Cs 的初始累积质量深度，kg/m^2。

该模型没有考虑耕作管理因素对土壤再分配的影响，因此 Walling (1999)结合耕作管理措施，对式(3-7)进一步修正如下：

$$dU(t)/dt=(1-\Gamma)\cdot I(t)+R_{t,\text{in}}c_{t,\text{in}}(t)-R_{t,\text{out}}(t)c_{t,\text{out}}(t)-$$
$$R_{w,\text{out}}c_{w,\text{out}}(t)-\lambda\cdot U(t) \tag{3-8}$$

式中 $R_{t,\text{in}}$、$R_{t,\text{out}}$——耕作引起的泥沙净输入、输出的速率，Bq/(m²·年)；

$c_{t,\text{in}}$、$c_{t,\text{out}}$——耕作产生的泥沙中输入、输出的 ^{137}Cs 浓度，Bq/kg；

$R_{w,\text{out}}$、$c_{w,\text{out}}$——输出的侵蚀泥沙的速率，Bq/(m²·年)和 ^{137}Cs 的浓度，Bq/kg；

其余符号意义同前。

式(3-8)是截至目前计算农耕地土壤侵蚀量最完备的理论模型，只是此模型需要考虑的因素较多，增加了模型的复杂性；此外，模型涉及较多的参数，而其中一些参数的确定不太容易，因此其实际的应用价值不是很大。

Yang 等基于 Kachanoski 的模型，又考虑了 ^{137}Cs 的年沉降分量及其在地表富集层中的分布特征、犁耕层厚度、^{137}Cs 的衰变常数以及样品采集年份的影响，提出了跟 Walling 等不同的质量平衡模型：

$$U_t=(U_{t-1}+R_tc_R/W_N)X \tag{3-9}$$
$$X=(1-h/H)K$$

式中 X——侵蚀常数；

U_t、U_{t-1}——第 t 年、第 $t-1$ 年底土壤中 ^{137}Cs 的总量，Bq/m²；

R_t——第 t 年 ^{137}Cs 的沉降量在研究区总沉降量中所占的百分比（%）；

c_R——研究区内 ^{137}Cs 的沉降总量，Bq/m²；

W_N——校正系数；

H——犁耕层的厚度，m；

K——系数；

h——年均土壤流失厚度，m。

把 $t=1$，2，3，…，N 依次代入式(3-9)，便可推导出：

$$U_N=(R_1X^N+R_2X^{N-1}+R_3X^{N-2}+\cdots+R_tX^{N-t+1}+\cdots+R_NX)c_R/W_N \tag{3-10}$$

若把 ^{137}Cs 的流失量表达为以参考剖面为基础含量的相对百分比形式，则式(3-10)又可改写成：

$$(c_R-U_N)/c_R=100-100[(R_1X^N+R_2X^{N-1}+R_3X^{N-2}+\cdots+R_NX)/W_N] \tag{3-11}$$

利用图解法或数值解析法求出 X 后，年均土壤侵蚀的厚度 h 就能很容易求出，从而也就可以求得年均土壤侵蚀量 E_R：

$$E_R = 10\ 000 \times H(1 - X/K)D \tag{3-12}$$

式中　E_R——年均土壤流失量，kg/m^2；

　　　　D——土壤的密度，kg/m^3。

随后，Yang (1998)也考虑了地表富集作用的影响，分析了 ^{137}Cs 在犁耕层的三种剖面分布（指数型、线性型和均一型)形式下和不同富集深度下的修正模型。

Yang 的模型具有结构比较简单、使用起来比较方便、易于理解和掌握的优点。但也有其不足之处：须事先确定 ^{137}Cs 在土壤剖面中的分布形式是三种形式中的哪一种，这一般比较困难；此外，模型中也没有考虑耕作过程中的运移作用以及侵蚀过程中可能出现的颗粒分选作用；再就是 ^{137}Cs 的沉降总量往往难以确定。

Zhang 等把式(3-6)进行简化得到下面的公式：

$$U = U_0(1 - h/H)^{N-1963} \tag{3-13}$$

式中　U——^{137}Cs 的面积浓度，Bq/m^2；

　　　　U_0——^{137}Cs 的本底值，Bq/m^2；

　　　　h——年均土壤流失厚度，m；

　　　　H——耕层厚度；

　　　　N——取样年份。

式(3-13)没有考虑 ^{137}Cs 在农耕地表层的富集作用以及对土壤侵蚀的分选作用，对 ^{137}Cs 沉降后还没有被土壤颗粒吸附前的流失部分也没有加以校正，使得模型的计算结果往往偏高。为此，Zhang 于 1999 年对式(3-13)又做了进一步的完善：

$$U = U_0\Phi_1(1 - \Phi_2 h/H)^{N-1963} \tag{3-14}$$

式中　Φ_1——混入耕层的 ^{137}Cs 与其沉降总量的比值；

　　　　Φ_2——颗粒侵蚀分选的校正因子。

周维芝基于 1956~1970 年是核素 ^{137}Cs 的大量沉降期，1970 年以后沉降较少，结合前人的科研成果并考虑了 ^{137}Cs 在犁耕层的输入和流失，提出了下述的模型：

$$U_n = \frac{U_0}{15}(1 - a\%)^{N-1970}\frac{(1 - a\%) - (1 - a\%)^{16}}{a\%}$$ (3-15)

式中 U_n——采样时土壤中 ^{137}Cs 的总量，Bq/m^2；

$a\%$——年均 ^{137}Cs 流失率；

U_0——研究区 ^{137}Cs 的本底值，Bq/m^2；

N——土样采集年份。

该模型把 ^{137}Cs 在 1956~1970 年的沉降看作是均匀沉降进行处理，没有考虑在此期间内 ^{137}Cs 的衰变作用。由于 ^{137}Cs 在这段时间内每年衰变产生的减少量是不同的，这种处理方式会使 ^{137}Cs 的早期沉降量偏大，因此采用式(3-15)求得的土壤侵蚀速率一般会相对于理论值偏小。

3.1.1.2 开垦于 1970 年后的农耕地侵蚀速率的 ^{137}Cs 模型

如果要计算 1970 年后开垦的农耕地的侵蚀速率，前面介绍的模型就不能用，这是由于农耕地的侵蚀速率同其被开垦之前相比要大，而前面的模型计算的主要是 ^{137}Cs 大量沉降以来的平均侵蚀速率，此类模型不能确切地反映 1970 年后开垦的农耕地自开垦以来的流失状况。如果要研究这类农耕地的侵蚀程度，须事先选取适宜的 ^{137}Cs 参考值，一般在其附近选取与其未开垦前植被类型相同且坡度相近的未扰动地(如林草地或灌木丛地等)作为背景值。此类农耕地在被开垦前的侵蚀往往极弱，^{137}Cs 的流失主要是在耕作到采样期间引起的，通常采用下式来进行估算：

$$U=U_0(1 - h/H)^n$$ (3-16)

式中 U——研究区 ^{137}Cs 的浓度，Bq/m^2；

U_0——^{137}Cs 的背景值，Bq/m^2；

h——研究区年均土壤流失厚度，m；

H——犁耕层的厚度，m；

n——坡耕地的开垦时间，年。

该模型的优点：农耕地在被开垦前 ^{137}Cs 基本没有流失的情况下可以采用此模型，而且农耕地在开垦之前 ^{137}Cs 已部分流失的情况下也可以运用此模型。对后一种情况来说，须在每块农耕样地附近选取与其未开垦前条件相似的 ^{137}Cs 参考值，而不能选用整个流域的 ^{137}Cs 参考值。

3.1.2 未扰动地的 ^{137}Cs 土壤侵蚀量的计算模型

核素 ^{137}Cs 在未扰动土壤中的剖面分布跟扰动土壤相比有着显著的差异，其用于估算土壤侵蚀的模型也主要分为两类：经验模型和理论模型。

3.1.2.1 经验模型

对于非耕作土壤，Elliott 等（1990）提出了如下基于 ^{137}Cs 技术的经验模型：

$$Y=\alpha\beta^{X} \tag{3-17}$$

式中　Y——年均土壤流失量，kg/hm^2；

　　　α、β——待定系数；

　　　X——土壤中 ^{137}Cs 的损失百分比（%），$X=(A_b - A)/A_b$。

式(3-17)是把通过样品采集测得的 ^{137}Cs 的流失量与通过别的途径获得的土壤流失量进行分析统计而得到的经验性公式，故此类模型与农耕地土壤的经验模型有着类似的不足之处。

3.1.2.2 理论模型

1）剖面分布模型

Zhang 等 (1990)基于前人所提出的 ^{137}Cs 在非扰动土壤剖面的指数分布形式，提出了如下非农耕地的土壤侵蚀量计算公式：

$$U=U_0(1 - e^{-\lambda d}) \tag{3-18}$$

式中　U——土壤剖面中 ^{137}Cs 的总量，Bq/m^2；

　　　U_0——研究区 ^{137}Cs 的本底值，Bq/m^2；

　　　d——1963 年以来的侵蚀厚度，m；

　　　λ——^{137}Cs 的深度衰减系数，由邻近的未受干扰的采样点求得。

该模型的特点是形式简单、便于应用；其局限性主要在于：核素 ^{137}Cs 在土壤剖面中的分布形式，并非在任何地区都是呈指数型分布的；该模型没有考虑在侵蚀过程中土壤颗粒的分选作用以及对泥沙迁移的影响。

2）质量平衡模型

Walling(1999)等把一维泥沙输移模型、扩散系数 $D(kg^2/(m^4 \cdot 年))$

和输移速率 v(kg/(m²·年)) 等理论运用到模型中来描述 ^{137}Cs 在非农耕地的土壤剖面中的再分配作用；Owens(1998)等也通过这些理论（一维泥沙输移模型、扩散系数和输移速率）来描述 ^{137}Cs 沉降到地表后在未扰动土壤剖面中的运移过程。

Walling 等和 Owens 等的质量平衡模型虽然引入了别的理论，但缺陷依然存在：模型的形式相对比较复杂，其选用的参数要么具有相当大的不确定性，要么难以确定，使得模型结果的可靠性大打折扣。

Yang 等(1998)认为，土壤剖面分布形式不同，其土壤侵蚀量也就相应地不同，他提出了三种 ^{137}Cs 在非农耕地土壤剖面的分布形式，并针对每种形式建立了相应的估算模型：

若 ^{137}Cs 在土壤剖面中的分布符合函数 $U=ae^{-bz}(a>0，b>0)$，则其土壤流失量为

$$E_R = 1\ 000 \times B\ln(1-\lambda)/b \tag{3-19}$$

若剖面分布符合函数 $U=a[1-(k-z/H)^b](k-z/H)^{b-1}(a>0，b>0，且 k\leqslant 1)$，则：

$$E_R = 10\ 000 \times BH\left\{ k - \left[1 - \sqrt{\lambda[10(1-k)^b]^2 + (1-\lambda)(1-k^b)^2} \right]^{-b} \right\} \tag{3-20}$$

如果剖面分布符合函数 $U=a(1-z/H)^b (a>0，b>0)$，则：

$$E_R = 10\ 000 \times BH[1-(1-\lambda)^{-(b+1)}] \tag{3-21}$$

式中　E_R——年均土壤流失量，kg/hm²；

　　　B——土壤容重，kg/m³；

　　　H——^{137}Cs 在剖面中的最大分布深度，m；

　　　z——剖面的某个深度，m；

　　　λ——剖面中核素 ^{137}Cs 的年损失百分率（%）；

　　　a、b、k——系数；

　　　U——土壤剖面中某一深度处 ^{137}Cs 的含量，Bq/m²。

λ 的值由下式求来：

$$Y=100-[R_1(1-\lambda)^{28}+R_2(1-\lambda)^{27}+\cdots+R_{29}](1-\lambda)^{M-1982} \tag{3-22}$$

式中　Y——采样年份土壤剖面 ^{137}Cs 的损失百分率(%)，可由实际测定

得出；

R_1、R_2、$\cdots$、R_{29}——自 ^{137}Cs 沉降开始第 1 年(1954)、第 2 年
(1955)、$\cdots$、第 29 年(1982)的年沉降百分比
(%)，可由文献查得；

M——给定的某个年份($M > 1983$)。

测得 Y 值，输入 M，由式(3-22)即可求得λ值。

Yang 的模型考虑了 ^{137}Cs 的年沉降分量，形式相对简单，但在具体
应用时，须分析 ^{137}Cs 的剖面分布形式；该模型没有考虑侵蚀、迁移过
程中土壤颗粒粒径分布对 ^{137}Cs 的影响；此外，Yang 所说的 ^{137}Cs 的分
布形式和该模型的计算精度还有待验证和检验。

3.2 研究区 ^{137}Cs 侵蚀产沙的分布特征

3.2.1 背景值的确定

要确定研究区域 ^{137}Cs 流失量，首先要确定 ^{137}Cs 在该区域的背景值，
或称为本底值，这就牵扯到标准剖面的选取。标准剖面是指自发生 ^{137}Cs
沉积以来未受到侵蚀或沉积的土壤剖面，该样点剖面中 ^{137}Cs 的面积浓
度反映了 ^{137}Cs 在该区域的总沉降量。如果研究区内某个土壤剖面中
^{137}Cs 的面积浓度小于该背景值，则说明该处发生了土壤被侵蚀，反之
则表明发生了沉积。

坡顶可以作为背景值取样点，经过野外调查和比较，选取南沟坝坝
控流域内两个山坡的坡顶为背景值取样点，该坡顶近似为一椭圆形的源
地，上面长满杂草，坡度为 3°~5°，选取地势较为平坦的 5 个样点分别
挖取剖面，测定各个剖面中各个分层样的质量浓度，用式(2-4)求得各样
点的面积浓度。最后取其平均值，得到研究区 ^{137}Cs 的背景值为
1 565 Bq/m²。

汪阳春和张信宝（1989）在陕北绥德县韭园沟流域采样，测试后算
得该流域 ^{137}Cs 的背景值为 1 739 Bq/m²，由于在此期间 ^{137}Cs 还会衰变，
1 565 Bq/m² 与此值较为接近；李勉和侯建才（2006）对王茂沟流域取

样后得到该流域 ^{137}Cs 的背景值为 1 528 Bq/m²。1 565 Bq/m² 与这两处的实际背景值非常接近，故该值可以作为贾寨川小流域的背景值。

3.2.2 不同坡地的分异特征

地貌因素是影响水土流失的重要因素之一，地貌形态因子主要影响土壤侵蚀的程度，是强度侵蚀还是中度或轻度侵蚀。对于坡地而言，如果径流特征受到影响，其侵蚀程度也就不同。径流特征主要取决于降雨特征和土壤渗透性能。在黄土高原地区，地表径流主要表现为超渗产流，坡面径流所具有的能量主要来自于单宽流量和坡度，而单宽流量主要取决于降雨强度、坡面的径流系数和该处到分水岭的距离。如果降雨因素一定，坡面水流能量的大小就取决于坡度和坡长，进而影响坡面径流和土壤侵蚀。

坡地作为一种基本的地貌单元，也是研究豫西山区水土流失规律和侵蚀强度的主要地貌形态因子。土壤侵蚀给坡地带来的直接结果是土壤养分流失、肥力下降，严重影响土地生产力。侵蚀泥沙随坡面径流进入河道后会发生沉积，从而抬高河床、淤积河道，不利于泄洪，给下游防洪工作和人民群众生命财产安全带来严重威胁。豫西山区坡地面积分布较广，该地区侵蚀泥沙主要源于坡地的土壤侵蚀。引发土壤侵蚀的各种内外营力(如水力、重力和风力)在地貌形态因子的作用下，其能量进行重新整合和再分配，造成土壤侵蚀程度和方式在空间上出现分异。因此，以坡地的土壤侵蚀为着眼点来研究流域坡地土壤侵蚀情况和空间分布特征，对揭示小流域土壤侵蚀规律意义重大。

通过试验对坡地土壤侵蚀规律进行研究来揭示地形因素与水保措施配置的关系以及坡面土壤侵蚀规律，并定量评价地形因子对土壤侵蚀的影响，这是许多学者一直在进行的工作。地形作为自然环境的基本构成要素，也是影响坡地土壤侵蚀强度的主要的、基本的因素。地形与土壤侵蚀关系密切，两者相互促进、相互影响：一方面，地形是影响水土流失的主要因素，地形不同其土壤侵蚀的程度不同；另一方面，随着土壤侵蚀的发展，地形也在发生变化，换言之，地形又是土壤侵蚀塑造的结果。因此，开展地形因素对土壤侵蚀的影响研究，一方面可以从理论上揭示坡地土壤侵蚀的形成机制和发展过程，另一方面能够在实践中为坡地水土保持措施的合理配置提供科学依据。

地形因素主要包括坡长、坡度和坡向三个因子。本研究以贾寨川流域中南沟坝坝控流域内的两个坡面为例，运用已有的 ^{137}Cs 示踪模型，来分析地形因子与土壤侵蚀强度之间的关系，揭示该小流域坡面土壤侵蚀强度的空间分异特征。

3.2.2.1　坡长与土壤侵蚀强度的关系

在类型不同的土壤剖面中，核素 ^{137}Cs 的垂直分布特征有着明显的不同，^{137}Cs 比活度一般在耕作层中均匀分布，其流失量与土壤损失量往往是线性相关的;而对于非耕作土壤，^{137}Cs 比活度的分布为指数分布，从表层向下迅速减少。而 ^{137}Cs 流失量与土壤侵蚀的关系直接与这些特征相关。在本研究中，农耕地模型采用式(3-16)，非耕作土壤采用式(3-18)，求得 A、B 两坡坡面不同部位土壤的侵蚀强度如表 3-1 所示。

表 3-1　A、B 两坡坡面不同部位土壤的侵蚀强度

坡面	到坡顶距离 (m)	平均 坡度	^{137}Cs 流失量(Bq/m²)	土壤侵蚀强度 (t/(km²·年))
A 坡	20	30.7°	647.3	6 709.97
	30		720.2	7 750.47
	50		966.5	12 083.32
	65		1 378.8	13 786.54
	80		1 385.5	14 015.74
	105		1 259.1	7 997.62
	130		1 405.4	14 756.65
	150		1 159.4	8 828.72

表 3-1 A、B 两坡坡面不同部位土壤的侵蚀强度

坡面	到坡顶距离 (m)	平均坡度	137Cs 流失量(Bq/m²)	土壤侵蚀强度 (t/(km²·年))
	20		1 179.3	17 606.55
	30		1 192.6	18 047.68
	45		1 219.2	18 979.28
B 坡	90	28.8°	1 285.7	21 664.10
	110		820.2	9 334.20
	130		567.5	5 661.79

由图 3-1、图 3-2 可知，坡长对土壤侵蚀强度、137Cs 流失量的影响很大。A 坡上半坡为林草坡，下半坡为农耕地。图 3-1 中，其侵蚀强度随坡长先增加后减少，然后增加再减少；137Cs 流失量随坡长先增加，而后略有波动。侵蚀强度和 137Cs 流失量在与坡顶水平距离 130 m 处达到最大，在距离顶部 20 m 处最小，在中部距离顶部 105 m 处又减少到另一个低点。这是水力侵蚀和犁耕共同作用的结果，泥沙径流的侵蚀强度沿坡面逐渐增加，后因为耕作活动而使侵蚀强度发生变化。

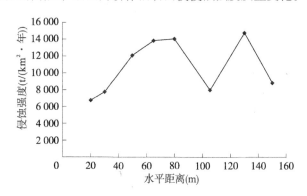

(a)A 坡土壤侵蚀强度随坡长的变化

图 3-1 A 坡土壤侵蚀强度、137Cs 流失量随坡长的变化

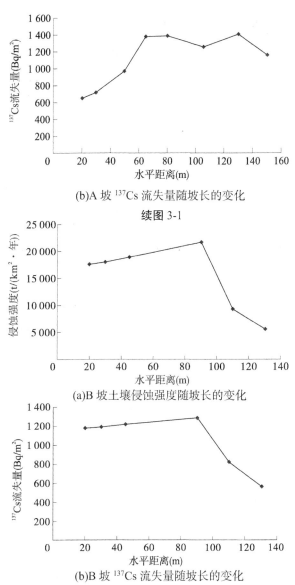

(b)A 坡 ^{137}Cs 流失量随坡长的变化

续图 3-1

(a)B 坡土壤侵蚀强度随坡长的变化

(b)B 坡 ^{137}Cs 流失量随坡长的变化

图 3-2 B 坡土壤侵蚀强度、^{137}Cs 流失量随坡长的变化

B 坡原为荒坡，后来进行植树造林，但效果不好，可能是水土流失比较严重，致使土壤肥力下降。从图 3-2 来看，其土壤侵蚀强度和 ^{137}Cs 流失量随坡长先增加后减少，在与坡顶水平距离 90 m 处达到最大，在距离顶部 130 m 处最小，这可能与其植被有关，上半坡是稀疏的小刺槐林，下半坡为老矮树，杂草丛生、植被较好，可以截留降水，减少雨滴的冲击，减弱了对土壤的侵蚀强度，使土壤的抗蚀能力大大提高，因而减少了 ^{137}Cs 的流失量。

王晓燕认为，由于微地貌的影响，并不是坡长越长，其土壤侵蚀强度和 ^{137}Cs 流失量就越大，坡长越短，其侵蚀强度和 ^{137}Cs 流失量就越小，因为在坡长较长的坡面上，往往微地貌的变化幅度较大，核素 ^{137}Cs 在坡面上随暴雨洪水及侵蚀泥沙运移的过程会更加复杂。但在本研究中，坡长对坡面的土壤侵蚀强度和 ^{137}Cs 流失量影响很大，一般来说，随着坡长的增加，坡面下部的土壤侵蚀程度较重。这可能是由于上部雨水径流作用引起的。因此，采取坡面技术，如坡改梯，通过工程措施改变微地形，人为截断坡面或缩短坡长，以减弱上方来水对坡面的侵蚀作用，达到降低坡面水土流失的目的。

3.2.2.2 坡度与土壤侵蚀强度的关系

对于坡度与坡面侵蚀的关系，一些研究认为在临界坡度内，土壤侵蚀量随坡度的增加而增加；张信宝等运用 ^{137}Cs 技术对羊道沟流域进行了研究，发现在耕作土壤中，^{137}Cs 的流失量与坡度有如下关系：20º坡 > 10º坡 > 0º坡；汪阳春等对陕北绥德县韭园沟流域峁坡面进行了研究，认为 ^{137}Cs 流失量随坡度的变化较为复杂，有的呈现先减少而后增加的趋势，有的随坡度渐趋减少，说明 ^{137}Cs 的流失量与坡度的关系十分密切。

贾寨川小流域坡地的土壤侵蚀强度、^{137}Cs 流失量随坡度变化如图 3-3、图 3-4 所示。总体趋势是随着坡度的增加，土壤侵蚀强度、^{137}Cs 流失量呈增加趋势，但由于在坡面不同的位置具体条件不同，土壤侵蚀强度、^{137}Cs 流失量有所波动。A 坡坡面土壤侵蚀强度、^{137}Cs 流失量与坡度的拟合较好，而 B 坡坡面的拟合程度稍差，这表明，坡度与土壤侵蚀强度、^{137}Cs 流失量关系极为密切。

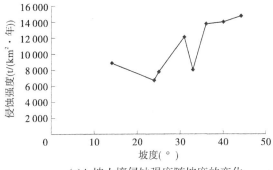

(a)A 坡土壤侵蚀强度随坡度的变化

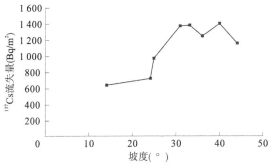

(b)A 坡 ^{137}Cs 流失量随坡度的变化

图 3-3　A 坡土壤侵蚀强度、^{137}Cs 流失量随坡度的变化

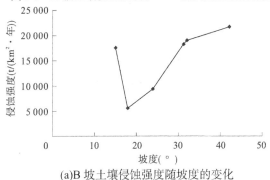

(a)B 坡土壤侵蚀强度随坡度的变化

图 3-4　B 坡土壤侵蚀强度、^{137}Cs 流失量随坡度的变化

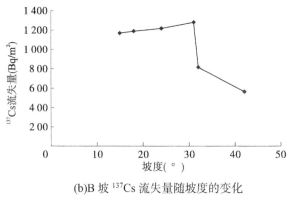

(b)B 坡 ^{137}Cs 流失量随坡度的变化

续图 3-4

3.2.2.3 坡度与坡长联合作用下土壤侵蚀强度、^{137}Cs 流失量的变化

1）A 坡坡面土壤侵蚀强度、^{137}Cs 流失量在坡度与坡长同时作用下的变化

发生在坡地的土壤侵蚀往往是坡度与坡长共同作用的结果，用 SPSS 软件对 A 坡的土壤侵蚀强度与坡度、坡长进行多元回归分析，其方差分析结果见表 3-2，其二元回归结果见表 3-3。

表 3-2　A 坡土壤侵蚀强度与坡度、坡长的方差分析

项目	平方和	自由度	均方和	F	p
回归分析	970 754 877.851	2	485 377 438.925	109.806	0.000
残差	26 521 821.638	6	4 420 303.606		
总计	997 276 699.489	8			

表 3-3　A 坡土壤侵蚀强度与坡度、坡长的二元回归结果

项目	系数	标准误差	t	p	复相关系数
坡度	291.471	43.350	6.724	0.001	0.987
坡长	20.916	15.489	1.350	0.226	

由表 3-2 可知，A 坡的侵蚀强度受坡度、坡长的联合影响非常显著，其方差分析的 F 值为 109.806，p=0.000 < 0.001。由表 3-3 可知，坡度对

土壤侵蚀强度影响的 $p=0.001 < 0.05$，t 检验值为 6.724，而坡长对土壤侵蚀强度影响的 $p=0.226 > 0.05$，t 检验值为 1.350，说明两者相比较，坡度对坡面土壤侵蚀强度的影响更大、更显著。

从表 3-4、表 3-5 可知，A 坡坡面 ^{137}Cs 的流失量受坡度、坡长的共同作用比较明显，其方差分析的 F 值为 243.246，$p=0.000$，其中坡度与坡长对 ^{137}Cs 的流失量的影响都比较显著，其 p 值分别为 0.000 和 0.004，均小于 0.01，但坡度的影响较坡长更为显著。

表 3-4　A 坡坡面 ^{137}Cs 流失量与坡度、坡长的方差分析

项目	平方和	自由度	均方和	F	p
回归分析	10 467 841.014	2	5 233 920.507	243.246	0.000
残差	129 102.101	6	21 517.017		
总计	10 596 943.115	8			

表 3-5　A 坡坡面 ^{137}Cs 流失量与坡度、坡长的二元回归结果

项目	系数	标准误差	t	p	复相关系数
坡度	23.275	3.025	7.695	0.000	0.994
坡长	4.870	1.081	4.507	0.004	

2）B 坡坡面土壤侵蚀强度、^{137}Cs 流失量在坡度与坡长同时作用下的变化

B 坡坡面的土壤侵蚀强度、^{137}Cs 的流失量受坡度、坡长共同作用的统计结果如表 3-6~表 3-9 所示。

表 3-6　B 坡土壤侵蚀强度与坡度、坡长的方差分析

项目	平方和	自由度	均方和	F	p
回归分析	1 505 302 454.819	2	752 651 227.410	38.043	0.002
残差	79 136 355.239	6	19 784 088.810		
总计	1 584 438 810.058	8			

表 3-7　B 坡土壤侵蚀强度与坡度、坡长的二元回归结果

项目	系数	标准误差	t	p	复相关系数
坡长	-58.262	38.112	-1.529	0.201	0.975
坡度	683.767	109.760	6.230	0.003	

由表 3-6、表 3-7 可以得到与 A 坡相同的结果：在坡度和坡长共同作用下，B 坡坡面的土壤侵蚀强度变化显著，其方差分析的 $p=0.002 < 0.01$。其中坡度对坡面侵蚀强度影响的 $p=0.003 < 0.01$，而坡长对坡面侵蚀强度影响的 $p=0.201 > 0.05$，故坡度的影响比坡长显著。

表 3-8　B 坡 ^{137}Cs 流失量与坡度、坡长的方差分析

项目	平方和	自由度	均方和	F	p
回归分析	6 506 648.840	2	3 253 324.420	29.532	0.004
残差	440 651.830	6	110 162.957		
总计	6 947 300.670	8			

表 3-9　B 坡 ^{137}Cs 流失量与坡度、坡长的二元回归结果

项目	系数	标准误差	t	p	复相关系数
坡度	40.305	8.190	4.921	0.008	0.968
坡长	-1.651	2.844	-0.581	0.593	

由表 3-8、表 3-9 可见：在坡度和坡长共同作用下，B 坡坡面的 ^{137}Cs 流失量变化显著，其方差分析的 $p=0.004 < 0.01$。其中坡度对核素流失量影响的 $p=0.008 < 0.01$，而坡长对核素流失量影响的 $p=0.593 > 0.05$，坡度的影响大于坡长。

3.2.2.4　坡向对土壤侵蚀强度的影响

王晓燕采用坡长加权平均的办法来计算坡面的平均侵蚀强度，公式

如下：

$$\overline{M} = \sum_{i=1}^{n} \left[M_1 \times D_1 + \frac{(M_1 + M_2)}{2} \times (D_2 - D_1) + \cdots + \frac{(M_{i-1} + M_i)}{2} \times \right.$$
$$\left. (D_{i-1} - D_{i-2}) + M_{i-1} \times (D_i - D_{i-1}) \right] / D \tag{3-23}$$

式中　　D——坡面总长度，m；

$\overline{M}$——坡面平均侵蚀强度，t/(km^2·年)；

N——坡面的样点总数；

D_i——各样点到坡顶的距离，m；

M_i——坡面各样点的侵蚀强度，t/(km^2·年)。

根据式(3-23)可求得 A 坡、B 坡的平均侵蚀强度值，见表 3-10。

表 3-10　各坡面核素含量、平均侵蚀强度比较

项目	平均坡度(°)	^{137}Cs 平均浓度(Bq/m^2)	平均侵蚀强度(t/(km^2·年))
A 坡	30.7	452.6	10 685.53
B 坡	28.8	450.02	16 788.64

由表 3-10 可见，A、B 两坡坡面 ^{137}Cs 平均浓度相差不大，但平均坡度和平均侵蚀强度相差很大。A 坡略朝向东南方，B 坡略朝向西北方，因坡向不同所受的光照强度和时间也不同，地热资源的分布和水分蒸发也因此受到影响，从而影响坡面的侵蚀强度，但这种影响还有待进一步探讨。

第4章　淤地坝泥沙淤积信息研究

淤地坝是一种行之有效的水土保持工程措施，一方面可以拦截泥沙、蓄水保土，促进水资源的利用，可以确保黄河安澜，解决了山区农民的生活和生产用水问题；另一方面能够淤地造田、增产粮食，可以保障粮食安全、增加农民的收入、促进农村经济发展，有助于"三农问题"的解决；此外，还能够巩固退耕还林还草工作的成果、以坝代路等，既美化了生态环境，也改善了农村交通条件。总之，淤地坝建设对促进社会主义新农村建设、保证农村的繁荣与稳定、构建和谐社会具有不可或缺的作用。随着西部大开发战略的实施，淤地坝的作用将更加凸显。

在认识到淤地坝巨大作用的同时，需要加深对淤地坝的研究。沉积在淤地坝内的泥沙就是一种无形的文字，记载了许多环境信息，不仅可以反映建坝以来流域土壤侵蚀的演变，而且可以对流域开展的水保措施的效果进行评价和预测，分析其经济效益、生态效益和社会效益。所以，对淤积在坝内的泥沙进行研究是十分必要的，通过对其淤积特征及机制的研究，可以了解坝控流域的泥沙来源、侵蚀规律等，为正确评价淤地坝的效益、合理配置水保措施提供依据。

4.1　淤地坝旋回淤积层样品的采集

4.1.1　典型坝的选择

4.1.1.1　选取淤地坝的原则

根据野外调查和研究目的，典型坝的选取应遵循以下原则：

首先，所选的典型淤地坝须位于支沟的沟头，没有区间入流和任何的泄洪设施，保证坝地各淤积层上的泥沙均来源于降雨径流冲刷该坝坝控流域面积上不同土地利用类型的土壤，便于侵蚀性降雨场次和泥沙淤积层次能一一对应；其次，选取淤积有一定年限的坝，以免因为淤积年限太短、泥沙淤积层少，统计分析的样本容量太少，从而影响其代表性和典型性；最后，尽可能选择已经水毁的坝，以减少剖面开挖的工作量。

4.1.1.2 选取淤地坝

贾寨川小流域自20世纪五六十年代就开始打坝淤地，淤地坝都是当地农民自发兴建的，由于缺乏科学的规划设计和管护，而且施工质量不高，许多坝要么已经淤平，要么早已水毁。经过分析和野外调查，南沟坝能够满足研究的需要。该坝位于贾寨川流域内一支沟的沟口处，修建于1982年9月，1996年7月冲毁，淤地面积约0.08 hm²。主要地貌类型为梁峁状黄土丘陵。农田以坡耕地为主，在修筑的梯田上，种有棉花、玉米和蔬菜。在山坡上长有次生的刺槐，地面覆盖杂草，植被覆盖度较好。

4.1.2 泥沙旋回淤积层的划分与样品采集

4.1.2.1 旋回淤积层的划分原则

所选取的坝地淤积剖面距离坝体约3 m远，在挖取剖面、量取淤积层厚度及采集土样时把相邻的泥沙划为一层，且每层遵循淤泥在上、沙在下的原则。对于只有一层淤泥而沙层有好几层的情况，将泥层和紧挨该泥层的那层沙认为是同一层，如果沙和沙之间的区别不是很明显，可以通过淤泥与沙的颜色及纹理来区分。

对于所选的南沟坝，从顶层挖到与下游地面基本齐平，剖面中只有几层泥沙分层较为明显，其他不太明显，主要根据土层的颜色变化进行划分，除去耕作层，从上到下划分为15层。

4.1.2.2 样品的采集与测量

首先量取各个淤积层的宽度，再根据各层宽度，用小刀从上到下刮取土样，尽可能使该层范围内的土都能取到，每层采样约1.0 kg，装入土袋并作好标记。

所有土样先进行风干、磨细，剔除草根、树叶、石块等杂物后过1 mm的筛，称取400 g左右，用美国ORTEC公司生产的GEM-60高纯锗型γ射线能谱仪测定其中的^{137}Cs含量。

4.2　淤地坝各旋回淤积层的泥沙颗粒分析

土壤由粒径大小不一、比例不同、组成和形状各异的土壤颗粒构成，通常用粒径来表示颗粒的大小。土粒的粒径发生变化时，土的性质也随之发生变化。工程上把各种不同的土壤颗粒，据其粒径范围的大小进行分组，也就是说，把某一级粒径的变化范围称作粒组。土壤中各粒组的相对含量就称作土壤的颗粒级配。土壤的颗粒级配对土壤的形成及其农业利用有很重要的意义，直接影响到土壤中水分、养分、空气、能量的运动和保持，进而关系到作物的生长发育。

4.2.1　颗粒分析的方法

土壤颗粒分析的方法一般是通过吸管法来测定的，由筛分法结合静水沉降进行，该方法操作烦琐，但结果较其他方法精确，具体操作步骤如下：

将采集的土样在室内先进行风干，之后放在橡皮板上，用木碾把黏结在一起的土块充分碾散。用四分对角法称取100~300 g，放入盛有清水的瓷碗中，用玻璃棒搅拌几分钟，待试样充分浸润、粗细颗粒出现分离。然后把浸润的混合液过直径2 mm的细筛，筛上残留的土样用带橡皮头的研杵碾散后过2 mm的筛，再把筛上残留的土碾散过2 mm的筛。如此反复，直到筛上只剩下粒径大于2 mm的颗粒。

对筛上和筛下土的质量分别进行称量，然后把拌和均匀的筛下土样称取30 g，倒入三脚烧瓶中，加入200 mL的蒸馏水。根据土壤的pH值，酸性土壤可加浓度为0.5 mol/L的NaOH溶液40 mL，中性土壤可加浓度为0.5 mol/L的$Na_2C_2O_4$溶液20 mL，碱性土壤可加浓度为0.5 mol/L的六偏磷酸钠溶液60 mL。加水使悬液的容积达到250 mL，浸泡时间在18 h以上。稍加摇荡之后，把悬液放在电热板上煮沸，煮沸时间从水沸腾开始计算，在沸腾前应时不时摇动三角瓶，以避免土粒结底，煮沸1 h左右。沸腾时要注意用异戊醇进行消泡以免溢出，待悬液冷却后倒入瓷杯中静置1 min，而后把上部溶液倒入量筒，杯底沉淀物用带橡皮头玻璃棒小心碾散，加水搅拌后静置约1 min，再把这部分溶液倒入量筒。这样反复几次，直到杯内没有悬液的残存物。

接下来把量筒内的悬液全部倒到直径为0.1 mm的细筛上冲洗，直到筛上只剩下粒径大于0.1 mm的颗粒，然后把溶液倒回量筒，并加蒸馏水使筒内悬液定容为1 000 mL。把留在0.1 mm细筛上的土壤颗粒依次过直径为1.0 mm、0.5 mm、0.25 mm的细筛，再把留在1.0 mm、0.5 mm、0.25 mm细筛上的土颗粒分别用105 ℃的烘箱烘干，而后用精度为0.01 g的天平称重，得到粒径为1.0~0.5 mm、0.5~0.25 mm、0.25~0.1 mm的粒组的质量。

把盛有悬液的量筒放在温度变化不大、平稳的台面上，在悬液中加入浓度为4%的六偏磷酸钠溶液10 mL，测量并记录悬液的温度。用搅棒上下均匀搅拌悬液约1 min，使悬液内的土粒分布均匀，搅拌结束开始计时，记录下静置的时间。

4.2.2 颗粒分析的原理

根据土壤颗粒在水中沉降的快慢来区分不同粒径的土粒，在真空中颗粒的沉降呈现的是自由落体运动，因为除重力外不受任何阻力作用；但在水中的沉降除受重力外还受与重力相反方向的摩擦力作用，G. G. Stokes (1851)指出，摩擦力F_m应等于：

$$F_m = 6\pi r\eta v \tag{4-1}$$

式中　η——水的动力黏滞系数，g/(cm·s)；

　　　r——土壤颗粒的半径，cm；

　　　v——土壤颗粒的沉降速度，cm/s。

土壤颗粒开始发生沉降后，其沉降的速度随时间而增大，颗粒所受的摩擦力F_m也随之增加，当摩擦力在数值上与重力相等时，沉降速度达到最大不再增加，土壤颗粒以此速度均匀沉降，这一沉降速度被称为终端速度。土壤颗粒所受的重力F_g可由下式来表示：

$$F_g = 4/3\pi r^3 (\gamma_s - \gamma_f) g \tag{4-2}$$

式中 γ_s——土壤颗粒的比重，g/cm³；

γ_f——流体的比重，g/cm³；

g——重力加速度，取981 cm/s²；

土壤颗粒被视为球体，其体积为$4/3\pi r^3$。

当$F_m=F_g$时，可得：

$$v_t= d^2(\gamma_s-\gamma_f)g / 18\eta \tag{4-3}$$

式中 v_t——土粒的终端速度，cm/s；

d——土壤颗粒的直径，cm；

其余符号意义同前。

假设沉降过程一开始就能达到终端速度,这样便可以计算一定粒径的土壤颗粒沉降到L(cm)深度处所需的时间(s)：

$$t=18L\eta/ d^2(\gamma_s-\gamma_f)g \tag{4-4}$$

再经过单位换算，就得到了著名的司笃克斯公式：

$$t = \frac{1\,800L\eta}{gd^2(\gamma_s - \gamma_{wk})} \tag{4-5}$$

式中 γ_{wk}——温度为k时水的比重，g/cm³。

土壤颗粒的比重按照下式计算：

$$\gamma_s = \frac{G_s}{G_s-(G_2-G_1)} \tag{4-6}$$

式中 G_s——比重瓶内烘干土的质量，g；

G_2——加蒸馏水至瓶颈线的比重瓶质量，g；

G_1——冷却后加蒸馏水至瓶颈标线的比重瓶质量，g。

依据土壤颗粒直径由大到小的顺序,按照式(4-5)计算不同颗粒粒径所需的时间,用吸管吸取所需粒径的悬液,注入质量已知的烧杯中,并用蒸馏水把吸管壁上的黏粒洗入烧杯中。每吸取完一组粒径的悬液后要对悬液进行重新搅拌,而后进行另一组粒径的悬液的吸取,每组粒径悬液吸取的深度都在距液面约5 cm处。待烧杯内悬液的水分蒸发完后放入105 ℃温度的烘箱内烘至恒量,用精度为0.01 g的天平称量。

最后根据下式计算土中小于某粒径的土粒的质量百分含量x(%)：

$$x=M_xV/(V_xM_g) \tag{4-7}$$

式中　　V——土壤颗粒悬液的总体积，mL；

　　　　V_x——吸管吸出的悬液体积，mL；

　　　　M_x——吸出的悬液中土粒的质量，g；

　　　　M_g——试样中的干土质量，g。

4.2.3　淤地坝剖面旋回淤积层泥沙颗粒分析

贾寨川小流域南沟淤地坝剖面共有15层泥沙旋回，其各层的泥沙机械组成分析结果见表4-1。

表4-1　淤地坝剖面淤积泥沙颗粒分析结果　　　　　　　(%)

淤积层号	< 1 mm	< 0.5 mm	< 0.25 mm	< 0.1 mm	< 0.05 mm	< 0.01 mm	< 0.005 mm	<0.001 mm
1	100	99.9	99.15	91.7	78.18	43.72	10.94	3.65
2	100	99.85	99.21	89.88	77.86	43.88	11.26	4.72
3	100	99.92	99.34	91.05	78.29	45.36	9.98	3.97
4	100	99.96	99.52	90.89	76.13	42.95	10.16	4.93
5	100	99.77	99.32	90.24	78.95	41.22	10.68	2.05
6	100	99.84	99.26	91.63	79.19	42.48	9.57	2.27
7	100	99.98	99.39	91.26	77.45	41.17	10.29	3.39
8	100	99.79	99.17	92.04	78.22	40.26	9.54	2.92
9	100	99.95	99.48	91.09	77.85	39.78	8.56	4.34
10	100	99.73	99.16	90.82	79.1	40.39	9.35	3.28
11	100	99.86	99.14	90.93	78.06	42.65	10.62	2.69
12	100	99.93	99.23	91.06	78.15	43.72	9.46	5.34
13	100	99.88	99.46	91.18	79.72	44.06	10.58	2.52
14	100	99.92	99.5	92.05	78.08	42.89	11.61	3.03
15	100	99.71	99.22	91.12	77.56	41.63	10.59	2.21

对15个泥沙淤积旋回层作颗粒级配曲线分析，各层的泥沙级配曲线都比较光滑，其级配曲线特征如表4-2所示。其中不均匀系数C_u、曲率系数C_c是表征土壤颗粒组成的重要特征参数，其计算公式分别见式(4-8)、式(4-9)。

$$C_u = d_{60}/d_{10} \tag{4-8}$$

$$C_c = d_{30}^2/(d_{60} \cdot d_{10}) \tag{4-9}$$

从表4-2可以看出，剖面各旋回层中泥沙颗粒级配曲线的不均匀系数C_u在3.800 0~4.666 7之间变动，均小于5，说明土层比较均匀，级配曲线较陡，级配不良；各旋回层中泥沙颗粒级配曲线的曲率系数C_c在0.505 9~0.579 5之间变动，均小于1，说明级配曲线不连续。

表 4-2　南沟淤地坝各旋回层的泥沙级配曲线特征

旋回层号	有效粒径 d_{10}（mm）	中粒径 d_{30}（mm）	限定粒径 d_{60}（mm）	不均匀系数 C_u	曲率系数 C_c
1	0.004 9	0.007 4	0.02	4.081 6	0.558 8
2	0.004 9	0.007 3	0.02	4.081 6	0.543 8
3	0.005	0.007 4	0.019	3.800 0	0.576 4
4	0.005	0.007 5	0.022	4.400 0	0.511 4
5	0.005	0.007 6	0.022	4.400 0	0.525 1
6	0.005	0.007 5	0.02	4.000 0	0.562 5
7	0.005 1	0.007 7	0.022	4.313 7	0.528 4
8	0.005 1	0.008 0	0.023	4.509 8	0.545 6
9	0.005 5	0.008 0	0.023	4.181 8	0.505 9
10	0.005 1	0.007 9	0.022	4.313 7	0.556 2
11	0.005	0.007 5	0.021	4.200 0	0.535 7
12	0.005 1	0.007 4	0.02	3.921 6	0.536 9
13	0.005	0.007 4	0.019	3.800 0	0.576 4
14	0.004 5	0.007 4	0.021	4.666 7	0.579 5
15	0.004 9	0.007 6	0.022	4.489 8	0.535 8

4.3 淤地坝泥沙旋回淤积剖面中 ^{137}Cs 含量分布规律

由于每场暴雨洪水的数量、时间、强度不同，其所挟带的泥沙量也就不同，因此坝地剖面不同泥沙旋回层中^{137}Cs含量也不同，对南沟淤地坝各层泥沙样品进行测试，其^{137}Cs含量如表4-3所示。

表4-3 南沟淤地坝（从下到上）各旋回层的 ^{137}Cs 含量 （单位：Bq/kg）

旋回层号	^{137}Cs 含量	旋回层号	^{137}Cs 含量	旋回层号	^{137}Cs 含量
1	1.56	6	0.76	11	0.92
2	2.75	7	2.45	12	2.03
3	3.81	8	0.81	13	1.76
4	2.28	9	1.22	14	1.05
5	1.14	10	1.01	15	1.48

由表4-3可知，南沟淤地坝的泥沙淤积剖面中各旋回层的^{137}Cs含量差异很明显。其中，第3旋回层的^{137}Cs含量最高，为3.81 Bq/kg，此旋回层之上、之下^{137}Cs的含量逐渐降低；该剖面中^{137}Cs平均含量为1.67 Bq/kg，耕层以下的次顶层（第15层）^{137}Cs的含量为1.48 Bq/kg，底部第1层的^{137}Cs含量为1.56 Bq/kg，这说明剖面中核素^{137}Cs含量呈现出一定的规律性。由于^{137}Cs是人为放射性环境核素，所以南沟淤地坝坝地剖面中，核素^{137}Cs的这种分布规律跟外部特定的环境事件有着必然的联系。

4.4 淤地坝泥沙淤积时间的界定

4.4.1 淤地坝次降雨泥沙旋回淤积量的计算

根据两侧沟谷的坡度和水毁后的断面，实地测量了南沟淤地坝坝地的面积和各泥沙淤积旋回层的厚度，计算得到南沟淤地坝淤积泥沙总量为2 086.837 t（泥沙干容重取1.33 t/m³)，各层泥沙量如表4-4所示。

表 4-4　南沟坝各旋回层次降雨沉积淤积量（从下到上）

淤积 层号	淤积厚度 (m)	次降雨淤积量 (t)	淤积 层号	淤积厚度 (m)	次降雨淤积量 (t)
1	0.130	134.136	9	0.175	183.360
2	0.105	108.340	10	0.170	178.122
3	0.080	82.545	11	0.065	68.105
4	0.100	103.181	12	0.125	130.972
5	0.185	193.838	13	0.195	205.872
6	0.160	167.644	14	0.100	105.575
7	0.125	130.972	15	0.100	105.575
8	0.18	188.600	合计	1.995	2 086.837

4.4.2　坝地剖面各淤积旋回层泥沙与侵蚀性降雨的对应

4.4.2.1　侵蚀性降雨的概念及其指标的确定

对流域尺度而言，次降雨产沙是降雨事件与下垫面相互作用引起的，在较短的时间内，若无人为活动影响，流域的下垫面一般会保持相对稳定，不会发生较大变化，因此降雨事件就成为影响流域产沙的主要因素，一般用前期降雨量、降雨强度、次降雨量、降雨历时来描述次降雨特征。李昌志等的研究表明：降雨强度、次降雨量、降雨历时是导致侵蚀产沙的第一主成分，而前期降雨量是导致侵蚀产沙的次要成分，因此在处理降雨资料的过程中，没有考虑前期降雨量的影响。

能引起水土流失、导致土壤侵蚀的降雨被称为侵蚀性降雨。这个概念表明，并非所有降雨都会引起土壤侵蚀。Hudson在研究热带地区降雨时发现，并非所有降雨都产生土壤侵蚀，只有大于12.7 mm的降雨才会出现侵蚀；Wischmeier根据次雨量大小把侵蚀性降雨标准定为12.7 mm，若次降雨量小于此标准则对该次降雨的侵蚀影响不予考虑，但如果此次降雨的15 min雨量大于6.4 mm，则仍需计算该次降雨的侵蚀力，并将此标准应用于美国通用土壤流失方程(USLE，Universal Soil Loss Equation)，此后，Renard等又把这一标准运用到修正的通用土壤流失方程(RUSLE，Revised Universal Soil Loss Equation)中；李占斌的研究也表明：侵蚀性降雨是黄土高原地区剧烈土壤水蚀的动力之源，该地区流域的产沙量一般是由数次大暴雨形成的；周佩华和王占礼通过人工降雨方法对不同雨强下的降雨场次的起流历时和相应的雨强进行分析，来推求侵蚀性降雨标准，发现在所有降雨中，只有部分场次的降雨产生地表径流，一般用降雨量和降雨强度两个参数来作为衡量侵蚀性降雨的标准；拉尔的研究表明：侵蚀性降雨因子可以用降雨量与降雨强度的乘积来描述，但对于不同的区域，其差异性十分明显；王万忠的研究表明：次降雨量P和最大30 min雨强I_{30}是影响降雨侵蚀能力的两个最重要的指标，两者的乘积可较好地反映降雨在侵蚀产沙中的作用；吴发启对缓坡耕地的次降雨侵蚀进行了研究，发现P_{60}、I_{60}、P_{30}、I_{30}、P_{45}、I_{45}均与侵蚀产沙关系密切，组合参数则以PI_{30}为最优，从而得出结论：次降雨量P和最大30 min雨强I_{30}的乘积PI_{30}可以作为次降雨侵蚀产沙研究的主要指标，从而使计算降雨侵蚀力的工作量大为减少。

4.4.2.2 降雨资料的整理和分析

淤积在淤地坝内的泥沙是降雨径流冲刷该坝控流域范围内的坡耕地、荒草坡地及沟谷陡崖等不同用地类型上的表层土壤及更深层的土壤而形成的，因此每一层淤积的泥沙量都对应一个场次的降雨。就豫西山区来说，流域的产沙量一般是由数场侵蚀性降雨产生的，而且洪峰和沙峰是同步的，较大的洪峰流量对应较大的侵蚀泥沙量，所以在淤地坝剖面中泥沙淤积量大的旋回层与降雨特征较大的降雨场次是相对应的，因此就可以通过淤积在淤地坝内的泥沙信息，结合当地的历史降雨资料来分析淤地坝的泥沙淤积过程，探究坝地泥沙的淤积特征及淤积机制。

根据黄土高原侵蚀性降雨的标准：次降雨量12 mm，平均雨强2.4 mm/h，最大30 min雨强0.25 mm/min，以次降雨量、次降雨平均雨强、次降雨最大30 min雨强、次降雨侵蚀力等指标作为侵蚀性降雨的主要特征，对收集的贾寨川流域1982~1996年降雨资料进行整理和分析。

4.4.3 各旋回层淤积泥沙与侵蚀性降雨的对应原则

先根据降雨资料，把淤积量很大的淤积层和降雨指标均较大的降雨场次进行对应，作为淤积剖面与侵蚀性降雨进行对应的控制性降雨场次。若这两个控制性沙层之间的淤积层数目较少，则根据淤积层的个数在这两场大降雨之间把其中所有场次的降雨按照选定的4个指标：降雨侵蚀力、降雨量、最大30 min雨强、平均雨强，根据其大小进行筛选，选出与这两场降雨相应淤积层之间所夹的淤积层数目相同的降雨次数，把筛选出的降雨次数根据时间先后顺序同淤积层产生的先后顺序进行一一对应，把明显不产流产沙的降雨场次予以剔除。若这两个控制性沙层之间还含有较多的淤积沙层，那么在这两个控制层之间再寻找较大的泥沙淤积层，把该淤积层跟与其对应的大指标的降雨场次进行对应，而后把这场较大的降雨作为坝地淤积剖面与降雨场次对应的控制性降雨场次，遵循这种原则使控制场次内的降雨与淤积层相对应。有一种很常见的情况就是：有些年的降雨也产生了淤积，但由于产生的泥沙量少，还没有能够形成完整的淤积层或者淤积层太薄无法区分。因为降雨场次的个数多于淤积旋回层的数目，所以并非每一场降雨都能够找到相应的沉积层。

根据上述原则，把收集的当地1982~1996年的历年逐日降雨资料与贾寨川流域南沟淤地坝剖面的泥沙旋回淤积层进行对应。

4.4.4 坝地淤积剖面中 ^{137}Cs 的分布与计年

在黄土地区，暴雨洪水侵蚀坡面、沟道，产生的泥沙被拦蓄在淤地坝内，颗粒大的泥沙先发生沉积，接着依次是粉砂、黏粒，这样就在淤地坝内形成一个淤积旋回层。当再次发生侵蚀性降雨时，由于暴雨冲刷，大量泥沙被地表径流裹挟顺坡而下又被拦蓄在坝内，土粒经沉降落淤在其上形成新的泥沙旋回层。依次反复，就形成多个泥沙旋回淤积层。淤积层厚度及泥沙分布特征与降雨特性、侵蚀泥沙特性关系非常密切。各旋回淤积层中的泥沙从下到上逐渐变细，下部颗粒较粗，上部为细的黏粒。各淤泥层之间的界限比较分明，便于识别。由于土壤颗粒极易吸附随着降雨降落在地表的核素¹³⁷Cs，因此各旋回层都含有一定浓度的¹³⁷Cs。

核素¹³⁷Cs的全球沉降具有分明的时间特征，1963~1964年是全球沉降的峰期，1970年后显著下降，1986年苏联的切尔诺贝利核电站的核泄漏事故中，多达1~6 MCi的¹³⁷Cs被释放到环境中，使得北半球¹³⁷Cs沉降达到又一个高峰。以我国武汉地区为例，1986年的¹³⁷Cs沉降量比1985年高300倍，其中1986年5月、6月的沉降量占该年总量的97.6%，这跟切尔诺贝利的核泄漏事故日期完全相符。因此，发生在1986~1987年间的¹³⁷Cs沉积也具备计年的价值。

4.4.5　坝地各旋回层沉积泥沙与降雨事件的对应

根据当地历年逐日降雨资料，1982年7月29日，该流域发生过一次强降雨过程，次暴雨量405.4 mm，最大30 min雨强1.75 mm/min，平均雨强25.9 mm/h，在当地造成很大危害，南沟淤地坝就是在这年的秋季修建的。由于1996年7月底8月初接连而至的两场暴雨，将该坝从中间冲开一个很大的豁口，降雨资料的分析结果与当地的调查结果完全吻合。由于该坝属于没有溢洪道的"闷葫芦"坝，对于坝控流域内各地貌单元的来水来沙进行全拦全蓄，故耕层下面的次顶层应为1996年7月底之前的淤积。因为1986年苏联的切尔诺贝利核电站的核泄漏事故，北半球¹³⁷Cs的沉降量出现一个高峰。据此，可以确定出1986~1996年发生的沉积过程。该坝地剖面各沉积旋回层的¹³⁷Cs含量差异非常明显，第3层的¹³⁷Cs含量最高，为3.81 Bq/kg，此旋回层向上、向下的¹³⁷Cs含量逐渐降低，顶部第15层¹³⁷Cs的含量为1.48 Bq/kg，底部第1层的¹³⁷Cs含量为1.56 Bq/kg。分析该流域历史降雨资料，可以确定剖面中的第3旋回层对应的是1986年的淤积；根据降雨资料，1983年没有发生太大的降雨，因此剖面底部的第1旋回层是1984年的沉积。根据1982~1996年的降雨资料，可以进一步划分出当年每一层的具体淤积时间。

历史性特大暴雨一般会留下非常明显的痕迹，譬如：淤积泥沙量和淤积厚度很大，发生时间的详细记录等，所以特大暴雨的旋回淤积层发生时间是较容易确定的；而确定其他旋回淤积层的发生时间，只能根据各场次降雨的强度、次降雨量和次降雨侵蚀力等指标，把各场次降雨从大到小进行排序，将发生时间与淤积层相对应，由于降雨场次多于旋回淤积层个数，不是所有历史性次降雨都能够找到对应的淤积层，如有些年份虽有降雨，但因为产沙量小没有形成完整的淤积层或淤积层太薄无法区分。根据上述对应原则，可以依次界定出1982~1985年、1987~1996年发生的淤积过程，如图4-1所示。

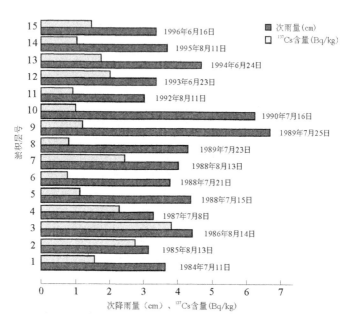

图4-1　南沟淤地坝各层^{137}Cs含量及相应的次降雨日期

4.5　小流域次降雨侵蚀产沙模型与数据拟合

4.5.1　坝控流域的单因素侵蚀产沙模型

把南沟淤地坝每个泥沙旋回淤积层的泥沙淤积量和次降雨特性指标（次降雨最大30 min雨强、次降雨量、次降雨侵蚀力、平均雨强）用统计软件SPSS13.0逐一进行曲线回归分析，其相关关系方程分别如下。

次降雨泥沙淤积量与次降雨量的相关关系方程为

$$y=60.801e^{0.019x}（相关系数R=0.603\ 3）\qquad(4-10)$$

式中　y——次降雨泥沙淤积量，t；

　　　x——次降雨量，mm。

次降雨泥沙淤积量与次降雨侵蚀力的相关关系最好，其相应的方程式为

$$y=43.437e^{0.029x}（相关系数R=0.960\ 2）\qquad(4-11)$$

式中　y——次降雨泥沙淤积量，t；

　　　x——次降雨侵蚀力，mm^2/min。

次降雨泥沙淤积量与最大30 min雨强的相关关系方程为

$$y=52.046e^{0.983x}（相关系数R=0.608\ 3）\qquad(4-12)$$

式中　y——次降雨泥沙淤积量，t；

　　　x——最大30 min雨强，mm/min。

次降雨泥沙淤积量与平均雨强的相关关系最差，其方程为

$$y=120.756e^{0.287x}（相关系数R=0.178\ 9）\qquad(4-13)$$

式中　y——次降雨泥沙淤积量，t；

　　　x——平均雨强，mm/min。

由以上分析可知，泥沙淤积量和次降雨侵蚀力的相关关系最好，其次是与最大30 min雨强和次降雨量的相关关系，而与平均雨强的相关关系最差。由式（4-11）对南沟淤地坝坝控流域的次降雨泥沙旋回淤积量进行预测，再与计算值进行比较分析，其相关系数为0.956，其F值为137.639，两者之间极显著，说明次降雨侵蚀力是引起侵蚀产沙的关键因素。

4.5.2　坝控流域的多元侵蚀产沙模型

对次降雨泥沙淤积量与次降雨量、次降雨侵蚀力、最大30 min雨强及平均雨强进行多元相关分析，结果如表4-5所示。

表4-5 次降雨量、次降雨侵蚀力、最大30 min雨强、平均雨强与
次降雨泥沙淤积量的多元相关分析结果

项目		次降雨泥沙淤积量	次降雨量	最大30 min雨强	次降雨侵蚀力	平均雨强
次降雨泥沙淤积量	Pearson Correlation	1	0.630*	0.579*	0.964**	0.121
	Sig. (2-tailed)		0.012	0.024	0.000	0.668
	N	15	15	15	15	15
次降雨量	Pearson Correlation	0.630*	1	−0.222	0.640*	−0.233
	Sig. (2-tailed)	0.012		0.426	0.010	0.402
	N	15	15	15	15	15
最大30min雨强	Pearson Correlation	0.579*	−0.222	1	0.598*	0.530*
	Sig. (2-tailed)	0.024	0.426		0.019	0.042
	N	15	15	15	15	15
次降雨侵蚀力	Pearson Correlation	0.964**	0.640*	0.598*	1	0.185
	Sig. (2-tailed)	0.000	0.010	0.019		0.508
	N	15	15	15	15	15
平均雨强	Pearson Correlation	0.121	−0.233	0.530*	0.185	1
	Sig. (2-tailed)	0.668	0.402	0.042	0.508	
	N	15	15	15	15	15

注：*表示双侧检验的显著水平为0.05，**表示双侧检验的显著水平为0.01。

由表 4-5 可知，次降雨量 P、次降雨侵蚀力 R、最大 30 min 雨强 I_{30} 与次降雨泥沙淤积量的相关关系比较显著，双侧卡方检验的 p 值分别为 0.012、0.000、0.024，均小于 0.05，说明次降雨量、次降雨侵蚀力、最大 30 min 雨强是引起次降雨泥沙淤积的主要因素；而平均雨强与次降雨泥沙淤积量的相关关系不显著，其双侧卡方检验的 p 值为 0.668，大于 0.05。将泥沙淤积量与这 3 个主要因素再进行多因素回归分析，其结果如表 4-6、表 4-7 所示。

表 4-6　泥沙淤积量与 R、I_{30}、p 的方差分析

项目	自由度	平方和	均方和	F	p
回归分析	3	315 469.1	105 156.380	651.151	0.000
残差	12	1 937.918	161.493		
总计	15	317 407.018			

表 4-7　泥沙淤积量与 R、I_{30}、P 的多元回归结果

次降雨指标	系数	标准误差	t	p	复相关系数
P	−0.079	0.370	−0.212	0.836	
I_{30}	−6.385	16.106	−0.396	0.699	0.997
R	3.894	0.630	6.181	0.000	

在这 3 个主要指标中，泥沙淤积量与次降雨侵蚀力的关系更为密切，p 值为 0.000，关系极显著，说明次降雨侵蚀力 R 是产沙量的最关键因素。根据此多元回归模型对各层泥沙淤积量进行预测，其复相关系数为 0.997，说明模型与实际极为接近，如图 4-2 所示。

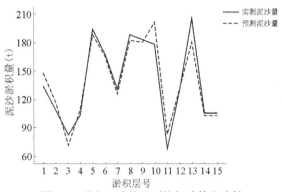

图 4-2 淤积泥沙的预测值与计算值比较

4.5.3 基于神经网络的数据拟合

人工神经网络是参照生物神经网络发展而来的一种新理论,在人工智能、信息处理和计算机科学等方面的应用越来越广泛。BP 神经网络和径向基(RBF)神经网络在数据拟合方面应用较多。这里采用这两种神经网络,用 matlab 编程对各旋回层泥沙淤积量和次降雨侵蚀力 R、最大 30 min 雨强 I_{30}、降雨量 P 的数据进行拟合,其预测的旋回层泥沙淤积量与计算值如图 4-3、图 4-4 所示。

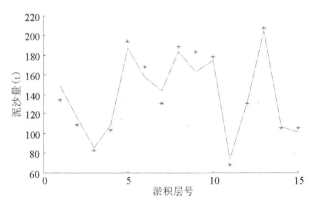

图 4-3 BP 神经网络的泥沙预测值与计算值

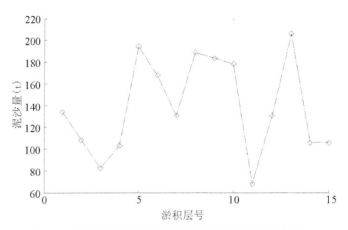

图 4-4　径向基(RBF)神经网络的泥沙预测值与计算值

图 4-3 中，星号为计算值，点线表示 BP 神经网络的拟合效果；图 4-4 中，方块是计算值，点线为 RBF 神经网络的拟合结果。设计径向基(RBF)神经网络所用时间为 0.171 s，而 BP 神经网络所用的时间为 1.953 s。从这两幅图可知，这两种神经网络的预测值都接近实际的计算值，但 RBF 神经网络的拟合效果比 BP 神经网络要好，拟合精度更高，预测值几乎等于计算值。通过这两种神经网络的拟合，更进一步说明次降雨侵蚀力 R、最大 30 min 雨强 I_{30}、降雨量 P 是影响流域侵蚀产沙的主要因素。

通过上述分析可知，淤地坝各旋回层泥沙淤积量与其对应的次侵蚀性降雨特性指标中的 R、I_{30}、P 这 3 个因素关系较为密切，其中 R 是最关键的因素。淤地坝一般要修筑溢洪道和排水涵管，以延长使用年限，该研究成果为豫西山区淤地坝的设计和坝系规划提供了一定的理论依据。

4.5.4　淤地坝减蚀作用评价

南沟淤地坝自修建以来到水毁，这期间共拦蓄泥沙2 086.837 t，年均拦沙为149.06 t。由于该坝坝控来沙面积较小，只有0.003 2 km²，而且拦沙主要发生在汛期6~9月，因此从时间上和控制面积角度看，其减蚀效益还是不错的：拦蓄泥沙，削峰滞洪，保护了下游耕地不受损失。几年来，贾寨川小流域在上级业务部门的大力支持和帮助下，修建淤地坝6座，护地坝2 500 m，排洪渠1 700 m，水塘7座，建人畜饮水工程22处，解决了1 920人饮水问题。再加上其他水保措施，截至目前，该流域共完成水土流失治理面积16.62 km²，水土流失治理程度达到75.5%，土壤侵蚀模数由治理前的5 375 t/（km²·年）减少到目前的1 140 t/（km²·年），减沙效益达78.8%，每年可拦蓄泥沙11.0 万t，蓄水效益达到59.3%。

4.6 ¹³⁷Cs 示踪小流域侵蚀泥沙来源和侵蚀强度的演变

4.6.1 研究方法

当前小流域侵蚀泥沙来源研究的主要方法有传统的径流泥沙观测法、遥感普查法和核素示踪法。径流泥沙观测法是通过实地调查、分析径流场或典型小流域的观测资料，来求得不同地貌单元的不同部位和不同用地因侵蚀性降雨而产生的泥沙量。该方法始于20世纪60年代。龚时旸和蒋德麒根据黄河中游黄土丘陵沟壑区的4个小流域坡面径流场的观测资料，结合野外调查来估算不同雨强下各小流域不同地貌部位、不同土地利用类型的产沙量，为当时条件下研究小流域侵蚀与产沙开辟了思路；张平仓等对黄甫川流域内基岩、上新世红色黏土、第四纪黄土和风成沙等各种产沙地层进行分析和研究，得出结论：流域泥沙主要来源于基岩产沙，并指出黄土分布地区是水土保持工作的重点；加生荣根据试验小区观测资料，分析了黄丘一区不同地貌类型、不同土地类型及不同侵蚀形态的来沙量，指出该区泥沙主要来自沟谷地、农坡地和坡面侵蚀，其研究发现淤地坝系对减缓沟蚀、重力侵蚀有很大作用。此外，还有不少学者运用此法对流域的侵蚀量和侵蚀强度及其空间变化规律进行了研究。

研究土壤侵蚀的传统方法存在着诸多不便,在操作上受到时间和空间的限制。近年来,随着科学技术的发展,^{137}Cs法在示踪流域土壤侵蚀方面越来越显示出其优越性。1963年,Frere等对美国8个已开垦的小流域犁耕层中核素^{90}Sr的流失量进行研究并估算了小流域侵蚀产沙量;随后,Ritchie、Walling等用^{137}Cs技术示踪了小流域的泥沙来源;Burch等研究发现核素^{7}Be和^{137}Cs在土壤剖面中分布特征不同,建议把^{7}Be和^{137}Cs两种核素同时应用到集水区的泥沙来源研究中,但没有给出具体做法;He等采用3种核素^{210}Pbex、^{137}Cs和^{226}Ra的数值混合模型,对Culm河泥沙来源进行研究,分析了其3个来源中各自的相对贡献率;Wallbrink等采用Burch的建议,应用核素^{137}Cs和^{210}Pbex复合示踪,分析了马兰比季河中游的泥沙来源及其贡献率,而且通过泥沙密度、泥沙量与河长的关系,泥沙来源及核素含量的变化,研究河道中细粒物质的滞留时间及悬浮泥沙分离的过程,在研究过程中,提出了采用3种核素^{7}Be、^{137}Cs和^{210}Pbex复合示踪不同坡面侵蚀形态下的侵蚀产沙深度;Dalgleish和Foster用室内模拟人工降雨研究了^{137}Cs在壤土表面不同坡度下的流失量,试验结果表明:^{137}Cs能够优先被地表径流中的泥沙所吸附。在国内,田均良等首次采用稀土元素REE示踪黄土高原土壤侵蚀研究;石辉等通过室内人工模拟降雨,发现REE示踪不仅能够较好地研究小流域泥沙来源,而且可以有效地揭示小流域侵蚀产沙的时空分布规律;1989年张信宝在山西羊道沟小流域采用^{137}Cs法示踪其各地貌单元,通过简单的配比公式,分析梁峁坡和沟壑区的泥沙相对贡献率;李少龙用泥沙中自然挟带的核素^{226}Ra对晋陕蒙接壤的黄土高原区进行研究,发现该地区侵蚀泥沙主要来自基岩。

4.6.2 小流域泥沙来源分析

一般流域内的泥沙主要来自沟间地和沟谷地,不同源地产生的泥沙的^{137}Cs含量会存在差异。Murray、张信宝、文安邦和杨明义等都采用配比公式来简单予以处理,比较淤积泥沙中核素^{137}Cs的含量和流域不同源地来沙中^{137}Cs的含量,可以推算不同源地的相对来沙量,其采用的配比公式如下：

$$S_AC_A+S_BC_B=c_E \qquad (4\text{-}14)$$

式中　S_A——源地A的相对来沙量（%）；

　　　c_A——源地A的 ^{137}Cs 含量，Bq/kg；

　　　S_B——源地B 的相对来沙量（%）；

　　　c_B——源地B 的 ^{137}Cs 含量，Bq/kg；

　　　c_E——流域输出泥沙中的 ^{137}Cs含量，Bq/kg。

根据式（4-14），对贾寨川小流域内南沟淤地坝坝控流域沟间地和沟谷地的样品进行分析可知，74.1%的泥沙来自沟谷地，25.9%的泥沙来自沟间地（见表4-8）。因此，沟道是泥沙的主要源地，我们可以采用淤地坝、谷坊等工程来进行治理，但是也不能忽视沟间地的治理，因为这是小流域泥沙的另一个源地，也要采取相应的治理措施，治沟与治坡同步，从源头上减少水土流失。

表 4-8　流域沟间地和沟谷地相对来沙量的 ^{137}Cs 示踪比较

内容	陕西子长赵家沟	陕西榆林马家沟	河南嵩县南沟
流域面积(km²)	2.03	0.84	0.003 2
沟间地面积比(%)	53	67	60
沟谷地面积比(%)	47	33	40
沟间地来沙中 ^{137}Cs 的平均含量(Bq/kg)	5.83	3.47	3.89
沟谷地来沙中 ^{137}Cs 的平均含量(Bq/kg)	0.02	0.02	1.07
淤积泥沙中 ^{137}Cs 的平均含量(Bq/kg)	1.36	1.15	1.67
淤地坝淤积年限	1973~1977 年	1993 年	1982~1996 年
沟间地相对来沙量(%)	26	33	25.9
沟谷地相对来沙量(%)	74	67	74.1

4.6.3　小流域不同时期的侵蚀速率

用 ^{137}Cs技术还可以估算小流域的侵蚀速率。因为南沟淤地坝属于典型的"闷葫芦"坝，对流域的泥沙进行全拦全蓄，淤积在坝内的泥沙可以看作是流域的产沙量，根据淤地坝运行的时间，可以大致估算各个时期的侵蚀速率。

由表4-9可知，在南沟淤地坝建成的最初4年，坝地泥沙平均淤积速率较小，小于后10年均值的一半，为整个淤积期的0.559倍，其后淤积厚度呈逐渐增加的趋势，这可能是前期侵蚀性降雨次数较少，而后期较多造成的。

表4-9　南沟淤地坝不同时期淤积速率比较

淤积时间	淤积厚度(m)	泥沙淤积速率(cm／年)
1982~1986年	0.32	8.00
1987~1996年	1.68	16.8
1982~1996年	2.00	14.3

4.6.4　小流域侵蚀强度的变化

南沟淤地坝没有修建溢洪道和排水涵管，对来自坡面和沟道内的泥沙进行全拦全蓄，坝控流域内的泥沙流失量极少，可以把沉积在坝内的泥沙量看作流域的泥沙侵蚀量，根据各次暴雨洪水过程的侵蚀产沙量，可以推算出该坝控流域内的次降雨侵蚀产沙模数，见图4-5。

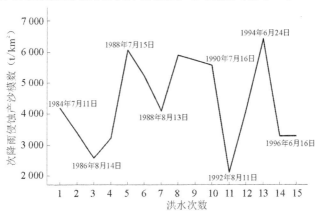

图 4-5　南沟淤地坝坝控流域次降雨侵蚀产沙模数的变化过程

从图4-6可看出，1984~1986年，坝控流域次降雨侵蚀产沙模数呈下降趋势，1986~1994年间有升也有降，之后趋于缓和。原因可能来自两个方面：一方面与天气有关，前期暴雨场次较少，后期侵蚀性降雨的次数较多；另一方面可能是20世纪80年代初的联产承包责任制的实施，没有认识到水土流失的危害性，当地农民陡坡开荒，砍伐林木，加剧了水土流失，后期实施了一些水土保持措施，减少了水土流失。

4.6.5 合理选择坝系的布设方式

从上面的分析可知，由于每次降雨的雨量、时间、强度和侵蚀力不同，流域的次降雨侵蚀强度不同，如果暴雨洪水过大，超过淤地坝的设计标准，就会造成溃坝，或者连降几场大暴雨，使淤地坝淤满，没有防洪滞洪库容，就会产生水毁坝。因此，需要对坝系进行合理布设，根据流域内各类沟道工程的作用和功能，实现骨干坝与中小型淤地坝的合理配置，形成布设合理的沟道工程体系，从而提高整个流域的防洪减灾能力，使淤地坝的拦泥、淤地、蓄水、发展生产和改善生态环境等各项功能最大限度地发挥出来。

根据黄河上中游地区的淤地坝建设实践，主要有以下几种坝系布设方式较为合理且经济有效。

4.6.5.1 上坝拦蓄下坝生产，淤积和生产相结合

对于面积较小的流域，其坡面治理程度往往较高，沟道中的洪水泥沙也较少。其坝系布设一般从沟口开始自下而上分期筑坝，当下坝拦沙库容淤满时，在其上游再建新坝拦洪淤地，这样依次筑坝直到沟头。坝系形成期间，上坝的主要任务是拦洪，可以边拦蓄边生产；下坝的主要目的是生产，可以边生产边淤积。这样的坝系保收率高且收益早。形成坝系后，可分期加高库容较大的坝，既提高了整个坝系的滞洪拦沙能力，又确保了下游坝地的安全生产。

4.6.5.2 上坝生产下坝拦蓄

如果流域面积较大，其坡面治理程度一般不高，汇入沟道中的泥沙也往往较多。其坝系布设一般为从沟头到沟口分期筑坝，上游坝的拦沙

库容即将淤满时，再在其下游建坝拦淤滞洪，上游坝的洪水通过排水设施排到下游坝内拦蓄，这样不仅确保了上游坝地的安全生产，而且加速了下游坝地的形成。

4.6.5.3 支沟拦蓄洪水干沟进行生产

这种坝系的洪水调度规则为：把干支沟邻近的几个坝划分为一个单元，把支沟坝丰水年容纳不下的多余洪水排入干沟坝，一方面可以漫淤生产坝，有利于作物生长，另一方面确保坝系安全度汛。若支沟坝淤满，对其进行加高，以确保干沟坝地的生产安全。

4.6.5.4 轮流进行滞洪生产，边拦蓄边生产

如果有足够的劳动力和资金，流域内可以同时修建几座坝，分段进行滞洪拦沙，等到基本淤满，再在上游修建新坝进行拦洪，下游坝地进行生产。上游坝淤满后转为生产坝，加高下坝进行滞洪。坝系形成后，以较大库容的坝为拦洪坝，以坝地面积较大的坝为生产坝，轮流进行拦蓄和生产。

4.6.5.5 坝系结合渠系，实现洪水分治

有些流域虽然修建了坝系，但有时暴雨洪水较大，危及坝地的安全生产。可以通过渠系把多余的洪水泥沙排出坝地，漫淤沟道两侧的台阶地、河滩地，这样一方面实现了引洪漫地，变害为利，另一方面使部分洪水进入坝地，培肥土壤，有利于提高作物产量。

第 5 章　淤地坝建设技术

按照筑坝材料，淤地坝可分为土坝、砌石坝、混合坝和植物柔性坝。其中，砌石坝又分为砌石重力坝、砌石拱坝，混合坝又分为土石混合坝和木石混合坝。根据施工技术，淤地坝又可分为水坠淤地坝、机械碾压淤地坝、定向爆破淤地坝等。

目前，豫西山区已建成的淤地坝类型主要有土坝、土石坝、石坝、拱坝。在典型坝系调查过程中，发现嵩县腾王沟小流域坝系中就含有这4种类型，现以该流域为例说明豫西黄土区的淤地坝建设技术。

5.1　均质土坝

5.1.1　张沟骨干坝概况

张沟属腾王沟小流域的一级支沟，距嵩县县城约 20 km，张沟骨干坝为均质土坝，主要由于坝址区土料丰富且土质好。土坝的施工方法最常见的有水坠法和碾压法，豫西黄土区一般采用碾压法。该坝坝控面积 4.0 km²，由坝体、溢洪道、放水设施组成，最大坝高 23.5 m，拦泥坝高 19.0 m，滞洪坝高 2.95 m，安全超高 1.5 m；该坝坝体两侧上下游坡均设有马道，溢洪道为明渠式，位于大坝左侧；放水管位于坝的右侧，平卧管为门拱型砌石结构，斜卧管为砌石方涵结构；该坝防洪标准为 30 年一遇，对应的下泄流量 72.8 m³/s，洪水位 351.13 m；校核防洪标准为 200 年一遇，相应的下泄流量 117.88 m³/s，洪水位 351.95 m。

表 5-1 为张沟坝下泄流量—库容关系。

图 5-1 为张沟坝大坝平面布置图。

表 5-1 张沟坝下泄流量—库容关系

库水位(m)	349	349.5	350	350.5	351	351.5	352
库容(万 m³)	36.0	38.52	41.51	45.10	49.2	53.5	58.25
溢洪道顶以上库容(万 m³)	0	2.52	5.51	9.1	13.2	17.5	22.25
堰上水头(m)	0	0.5	1.0	1.5	2.0	2.5	3.0
溢洪道流量(m³/s)	0	7.77	23.28	43.39	66.7	92.4	119.94
卧管泄量(m³/s)	0.76	0.76	0.76	0.76	0.76	0.76	0.76
总泄量(m³/s)	0.76	8.53	24.04	44.15	67.46	93.16	120.7

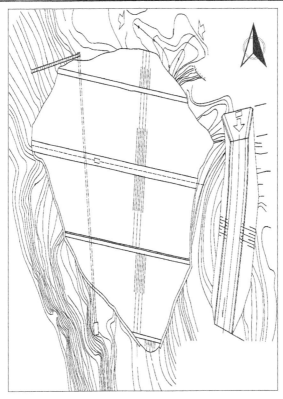

图 5-1 张沟坝大坝平面布置图

5.1.2　坝体稳定分析

根据下式来计算坝坡的整体稳定性：

$$F_s = \frac{\sum (Cl + (W\cos\alpha - ul)\tan\varphi)}{\sum W\sin\alpha}$$ （5-1）

式中　F_s——抗滑稳定系数；

　　　C——凝聚力，kPa；

　　　u——空隙应力，kPa；

　　　α——土条中心线与通过此土条底面中点的半径之间的夹角，(°)；

　　　φ——内摩擦角，(°)；

　　　l——土条的长度，m；

　　　W——土条自重，t。

先根据上下游水深和坝高等参数算出坝体的浸润方程，再根据式（5-1）计算得 F_s=1.2，大于允许安全系数 1.15，故能满足坝体安全稳定的要求。

5.2　重力坝

5.2.1　浆砌石重力坝

龙脖骨干坝属腾王沟小流域的一级支沟，伊河的三级支流，黄河的四级支流，距嵩县县城 36 km，流域面积 3.1 km²。主要建筑物包括大坝、溢流建筑物和放水设施。其坝型为浆砌石重力坝，这是由坝址处的地质条件决定的，坝址区土层贫瘠，两岸岩石风化严重，开挖量太大，不适合修建拱坝，若修建堆石坝，则需要很大的工程量，造价太高，而修建重力坝可就地取材、节省投资，因为附近有丰富的花岗岩。

该坝坝体上下游边坡分别为 1：0.5、1：0.75。坝顶长 73.3 m、宽 3 m，坝高 22 m，其中拦泥坝高 16.5 m，相应的水位 446.50 m，滞洪坝高 2.05 m，对应水位 448.85 m，安全超高 1.45 m；该坝采用坝顶溢流方式进行泄洪，上部为实用堰剖面，中间连接直线段，坡度为 1：0.75，下部采用反弧段进行挑流，挑流坎下设 1.0 m 的浆砌石齿墙；放水工程由斜卧管、平卧管和消力池组成，卧管采用预制钢筋混凝土管结构，消力池由浆砌石砌筑，其后接灌溉渠道。该坝防洪标准为 30 年一遇，相应的下泄流量 37.09 m³/s，对应的洪水位 448.30 m，校核防洪标准为 200 年一遇，下泄流量 59.25 m³/s，对应的洪水位 448.85 m。

表 5-2 为龙脖坝下泄流量—库容关系。

图 5-2 为龙脖骨干坝平面布置图。

表 5-2 龙脖坝下泄流量—库容关系

库水位(m)	446.8	447.0	447.5	448	448.5	449	449.5	450
库容(万 m³)	25.94	27.54	32.15	37.85	45.08	54.63	64.98	78.23
溢流槽以上库容(万 m³)	0	1.6	6.21	11.91	19.14	28.69	39.04	52.29
溢流槽水头(m)	0	0.2	0.7	1.2	1.7	2.2	2.7	3.2
下泄流量(m³/s)	0	1.81	11.83	26.55	44.77	65.91	89.61	115.62
卧管泄量(m³/s)	1.01	1.01	1.01	1.01	1.01	1.01	1.01	1.01
总泄量(m³/s)	1.01	2.82	12.84	27.56	45.78	66.92	90.62	116.63

5.2.2 坝体稳定与安全

重力坝在挡水时要承受水压力、渗透压力和坝体自重等应力的影响，所以须进行抗滑稳定分析和应力计算。坝坡的稳定分析是根据下式进行的：

$$K_s = \frac{f \sum u}{\sum p} \qquad (5\text{-}2)$$

式中　K_s——坝体安全稳定系数，其值为 1.0~1.05；

　　　Σu——与坝体垂直的力的总和，向下游为正，向上游为负；

　　　Σp——与坝体水平的力的总和，向下游为正，向上游为负；

　　　f——坝体与坝基的摩擦系数，一般取 0.6。

浆砌石坝的抗拉强度较低，其应力计算主要考虑坝体上下游面的拉应力$\sigma_\perp$和$\sigma_\top$，其计算公式相同，只是各自的受力和力矩不同，公式如下：

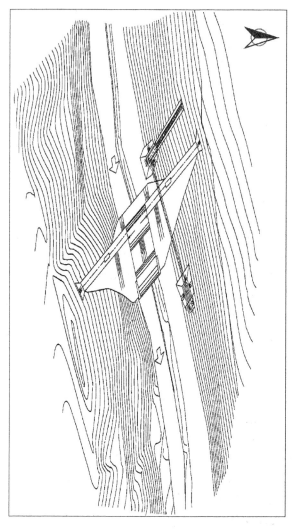

图 5-2　龙脖骨干坝平面布置图

$$\sigma = \frac{\sum u}{F} - \frac{\sum M}{\omega} \qquad (5-3)$$

式中 F——坝体底部面积；

ω——截面系数，矩形 $\omega = LB^2 / 6$；

ΣM——作用于坝体上的合力对坝底中心的力矩。

根据式（5-2），算得 $K_s = 1.23 > 1.05$，满足抗滑稳定要求；由式（5-3），$\sigma_{\pm} = 3.59$ t/m²，$\sigma_{\mp} = 28.3$ t/m²，均小于 150 t/m² 的容许应力，坡脚上下游均为压应力，也都在允许值范围内，故坝体满足安全稳定要求。

5.3 拱 坝

5.3.1 单拱坝

西坡里沟骨干坝属腾王沟小流域的一级支沟，流域面积 3.05 km²。主要建筑物包括坝体、溢流堰和放水设施。其坝型为浆砌石拱坝，这一方面是由于其沟道内和沟壁主要分布的是花岗岩，另一方面，经过对浆砌石重力坝和浆砌石拱坝两种坝型进行方案对比，在相同坝高、同等规模下，浆砌石拱坝较重力坝不仅可以减少 30% 的工程量，而且能够节省 40 万元的投资。

经过水文计算和调洪演算，确定该坝的拦泥坝高 13.5 m，滞洪坝高 1.2 m，安全超高 0.3 m，再加上坝基清理深度 6.5 m，故最大坝高为 21.5 m，最大坝长 73 m，拱坝内坡为直坡，外坡 1∶0.2；溢流堰顶高程 452.5 m，溢流深 1.2 m，上部采用实用堰进行挑流，溢流段宽 25 m，其下泄流量如表 5-3 所示；拱圈顶部的水平宽度 2.0 m，其设计防洪标准为 20 年一遇，对应的洪峰流量 75.27 m³/s，校核洪水标准 200 年一遇，相应的洪峰流量 125.70 m³/s；放水设施由放水管、闸阀、消力池组成，放水管根据下游灌溉和当地用水需要而定，一般采用铸铁管。

图 5-3 为西坡里沟大坝纵断面图。

图 5-4 为西坡里沟骨干坝平面布置图。

表 5-3　西坡里沟坝下泄流量—库容关系

库水位(m)	452.5	453.0	453.5	454.0	454.5	455.0	455.5
库容(万 m³)	22.93	28.52	35.35	50.03	55.30	61.90	65.10
溢流槽以上库容(万 m³)	0	5.59	12.42	27.10	31.37	38.97	42.17
溢流槽水头(m)	0	0.5	1.0	1.5	2.0	2.5	3.0
下泄流量(m³/s)	0	14.14	40.00	73.48	113.14	158.11	207.85
卧管泄量(m³/s)	0.73	0.73	0.73	0.73	0.73	0.73	0.73
总泄量(m³/s)	0.73	14.87	40.73	74.21	113.87	158.84	208.58

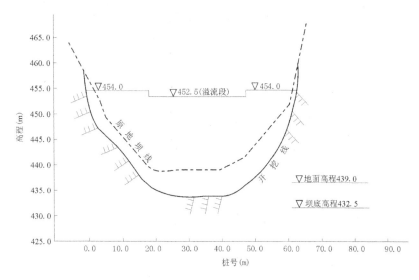

图 5-3　西坡里沟大坝纵断面图

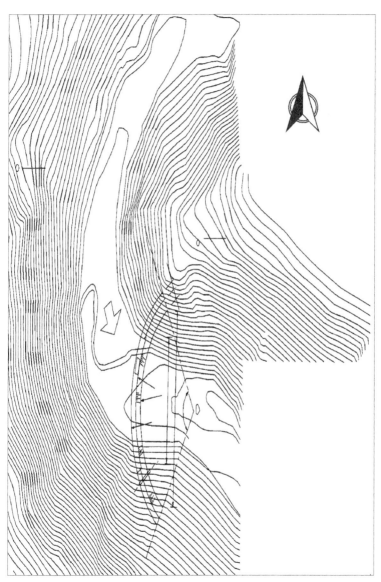

图 5-4　西坡里沟骨干坝平面布置图

5.3.2 坝体稳定与应力计算

根据西坡里沟骨干坝平面布置图（说明拱圈的形状），将基本剖面沿坝高分成 3 份，得 4 个拱圈，其高程分别为 440 m、445 m、450 m、454 m，其拱圈半径、中心角及厚度如表 5-4 所示。

表 5-4　剖面拱圈半径、中心角及厚度

拱圈高程(m)	440	445	450	454
外半径 R(m)	34.64	34.64	34.64	34.64
中心角 $2\alpha_0$(°)	98	102	108	114
厚度 U (m)	5.0	3.95	2.90	2.0

在水压力和泥沙压力的作用下，拱顶应力、拱端应力分别按下式计算：

拱顶应力　　　　$\sigma_d = P\sigma_0$　　　　　　　　　　　　　　(5-4)

拱端应力　　　　$\sigma_A = P\sigma_1$　　　　　　　　　　　　　　(5-5)

式中　P——作用于拱圈上的水压力和泥沙压力，t/m^2；

　　　σ_0——拱顶的应力系数；

　　　σ_1——拱端的应力系数。

在温度荷载作用下的拱顶应力、拱端应力分别为

拱顶应力：　　　$\sigma_d = P_T(\sigma_0 - R/U)$　　　　　　　　(5-6)

拱端应力：　　　$\sigma_A = P_T(\sigma_1 - R/U)$　　　　　　　　(5-7)

$$P_T = aTEU/R \qquad (5-8)$$

式中　P_T——温度荷载；

　　　a——线膨胀系数，温度升高 1 ℃时，长度的增量与原长的比值，对于浆砌石，$a = 0.8×10^{-5}$，对于混凝土，$a = 1.0×10^{-5}$；

　　　T——拱圈内的均匀温降，经验公式：$T = 57.7/U + 2.44$；

　　　E——弹性模量，对于浆砌石，$E = 530{\sim}636$ kPa；

U——拱圈的厚度，m；

R——拱圈的外半径，m。

由于坝顶处（高程 454.0 m）拱圈的水压力为 0，应力很小；坝底处（高程 432.5 m）拱圈埋于地下，不能自由变形，实际应力也较小，故这两处的应力可不予计算，只需计算高程为 450 m、445 m、440 m 处拱圈的应力。

根据表 5-5，按照式（5-4）~式（5-8）可求得这 3 个高程处拱圈在水压力、泥沙压力和温度荷载的联合作用下相应的应力，见表 5-6。

表 5-5　3 个高程处拱圈的应力系数

高程 (m)	中心角 $2\alpha_0(°)$	外半径 R(m)	厚度 U(m)	U/R	拱顶		拱端	
					$\sigma_{0上}$	$\sigma_{0下}$	$\sigma_{1上}$	$\sigma_{1下}$
450	108	36.31	3.7	0.102	12.471	4.789	1.027	16.58
445	102	36.31	4.9	0.135	12.229	3.396	0.007	16.22
440	98	36.31	4.6	0.127	13.045	1.987	−2.02	15.68

注：由《黄土高原坝系生态工程》附表 6-8 插值而得。

表 5-6　均匀水压力作用下的拱圈的应力

高程(m)	拱顶应力(t/m²)		拱端应力(t/m²)	
450	120.46	21.28	−27.29	173.35
445	183.09	23.48	−37.76	225.06
440	267.53	10.44	−82.85	305.13

注：表中"+"为压应力，"−"为拉应力。

由表 5-6 可知，最大压应力为 305.13 t/m²，根据《浆砌石坝设计规范》（SL 25—2006），该值小于浆砌石的容许压应力[σ]=530 t/m²，故认为此坝是安全的。

5.4 淤地坝加固技术

5.4.1 张堂骨干坝概况及存在的问题

张堂骨干坝位于嵩县田湖镇张堂村，主沟道属滕王沟流域和伊河的一级支沟，坝控流域面积 4.4 km²，土壤以粉质壤土和重粉质壤土为主，遇水易溶解，有机质含量低，养分缺乏。区内林木稀疏，森林覆盖率极低，水土流失为 V 类。沟道断面呈 U 形。多年平均降水量 665 mm，侵蚀模数 5 100 t/（km²·年）。该坝于 1958 年 2 月兴建，1963 年 6 月竣工，为均质土坝，其原设计指标如表 5-7 所示。

表 5-7　张堂骨干坝原设计指标

概况		设计指标		工程类别	设计指标	
位置	嵩县田湖镇	设计标准	50 年一遇	溢洪道	堰顶形式	矩形明渠
所在河流	伊河腾王沟	设计水位			进口高程	404.2 m
流域面积	7.5 km²	相应库容			堰顶长度	45 m
河道长度	6.5 km	校核标准	500 年一遇		地质状况	进口黏土
河道比降	0.04	校核水位	408.3 m		堰顶宽度	8.0 m
迁移高程		相应库容	142.4 万 m³		最大泄量	95 m³/s
淹没耕地	255 亩	设计泄量		输水洞	进口高程	400.1 m
迁移人口	125 人	校核泄量	95 m³/s		断面	0.8 m×0.8 m
开工时间	1958 年 2 月	兴利水位	404.2 m		洞长	43 m
竣工时间	1963 年 6 月	兴利库容	24.2 万 m³		洞身结构	砌石涵洞
下游村庄	5 个	死水位	402.1 m		闸门形式	钢筋混凝土
下游人口	5 250 人	死库容	66 万 m³		启闭机	手提
下游建筑	洛栾路桥	坝顶高程	409.6 m		最大泄量	0.4 m³/s
坝型	均质土坝	最大坝高	23.5 m		放水孔	φ30 cm
坝基地质	岩石	坝顶长/宽	167 m/2.0 m			

通过实地调查和勘测，该坝存在以下问题：①坝体质量较差。该坝修建时清基情况没有详细的记录，坝体沉陷 0.1 m，上下游坝坡较陡，存在安全隐患。②淤积严重。经测量，该坝淤至 403 m 高程处，防洪标准降低，难以按照原有标准运行。③反滤体失去作用。原坝体的反滤体被回填至现地面线以下，无盲沟导流，失去应有的作用，影响大坝安全。④防洪标准降低。原洪水重现期按照 50 年一遇设计，500 年一遇校核。因淤积严重，滞洪库容减少，达不到原有标准。

5.4.2 配套加固措施

针对存在的问题，对该坝主要采取了如下措施：①坝体培厚、加高、加宽。上下游坝体培厚，坝体采用骑马式加高形式加高 3.5 m，坝顶宽度由原来的 2.0 m 加宽至 4.0 m，坝顶长 175.0 m。②在原溢洪道中修建溢流堰，溢流堰最大宽度 19.0 m，溢流堰后的溢洪道底部衬砌 7 m 长。③溢洪道进口处的坝坡做浆砌石护坡。④放水涵洞采用原来的 M7.5 浆砌石方涵，在此基础上加长 20 m。

5.4.3 考虑配套加固措施后的张堂坝

根据《水土保持治沟骨干工程技术规范（附条文说明）》（SL 289—2003）和治理目标，该坝（坝体、溢洪道、放水设施）被列为四等工程，其设计防洪标准为 30 年一遇，校核标准为 300 年一遇，相应的洪峰流量分别为 79.25 m^3/s 和 140.07 m^3/s，设计洪水位、校核洪水位分别为 410.29 m、411.19 m。该坝坝底高程 386.10 m，经调洪计算，确定坝高为 26.9 m，其中，拦泥坝高 22.3 m，滞洪坝高 2.79 m，安全超高 1.81 m，即坝顶高程 413.0 m；该工程有交通要求，故坝顶宽度由原来的 2.0 m 改为 4.0 m，上游坡比 1:2.5 保持不变，下游 401.5 m、395.5 m 处各设一马道，宽 2.0 m，马道上下级坡比分别为 1:2.5、1:3.0、1:2.5；在下游坝坡坡脚设置永久排水设施，排水反滤体采用棱体式，内设反滤料，反滤体与原反滤体相接，棱体高 3.5 m，高程 388.6 m，顶宽 2.0 m，内侧坡比 1:1，外侧坡比 1:1.5。

因反滤体已被回填至地面线以下，起不到排水作用，故在反滤体底部高程385.20 m处设置5道砂卵石盲沟，间距10 m，依地势排向下游。在溢洪道上设置一梯形断面的溢流堰，顶厚2.0 m，最大宽度18.0 m，堰顶高程408.4 m，上游直立，下游边坡1：0.75，两端各砌筑齿墙。溢流堰下游的溢洪道两端也砌筑齿墙。放水涵洞在原设计的基础上延长20 m，仍为浆砌石盖板式涵洞。此外，对大坝上、下游边坡用草皮进行防护，以免雨水冲刷。溢洪道进口处大坝用浆砌石护坡，每10 m设一伸缩缝，用四油三毡填塞；下游坡面与坝体接触带、下游马道上沿坝坡均设有排水沟。

配套加固后张堂坝的下泄流量—库容关系见表5-8。

图5-5为张堂骨干坝配套加固工程平布置图。

表5-8　配套加固后张堂坝的下泄流量—库容关系

库水位 (m)	库容 (万 m³)	溢洪道顶以上库容(万 m³)	堰上水头 (m)	溢洪道流量 (m³/s)	卧管泄量 (m³/s)	总泄量 (m³/s)
408.4	57.94	0	0	0	1.43	1.43
408.9	64.1	6.16	0.5	10.41	1.43	11.84
409.4	70.6	12.66	1	29.45	1.43	30.88
409.9	77.7	19.76	1.5	54.1	1.43	55.53
410.4	85.8	27.86	2	83.3	1.43	84.73
410.9	95.6	37.66	2.5	116.41	1.43	117.84
411.4	108.4	50.46	3	153.03	1.43	154.46

5.4.4　坝体渗流分析与坝坡稳定分析

校核洪水情况：

浸润线方程为

$$y^2 = 6.8x + 11.56 \tag{5-9}$$

渗透流量为 $q = 5.8 \times 10^{-7}$ m³/s。

根据浸润线方程和渗透流量，采用滑动面总应力法算得坝体的抗滑安全系数为1.3，大于允许值（1.15），满足坝体安全要求。

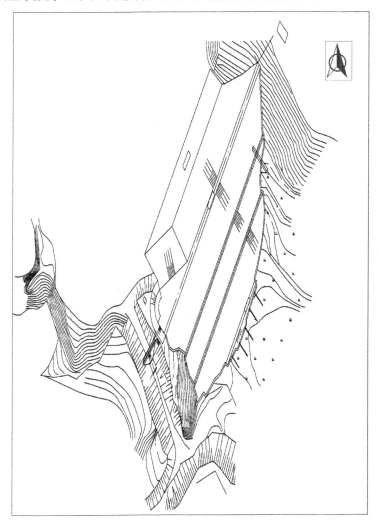

图 5-5 张堂骨干坝配套加固工程平面布置图

第6章 坝系规划

6.1 坝系相对稳定理论研究进展

20世纪年60代初，受"天然聚湫"（山体滑崩封堵沟道而天然形成的淤地坝）对洪水泥沙的全拦全蓄、不漫不溢现象的启发：如果淤地坝有足够的库容、坝地面积与坝控流域面积的比例达到某一数值，洪水挟带的泥沙就会在坝地内被"消化"利用而不影响坝地作物生长，达到产水产沙与用水用沙的相对平衡。因此，淤地坝水沙"相对平衡"的概念应运而生，只是这个概念是针对单坝而言的。

在设计洪水频率下，坝地次暴雨淹水深度h_{pi}和年淤积厚度d_i达到足够小，并趋于稳定时，流域的产沙与坝地用沙达到基本平衡，较长一段时间内无须加高坝体，或者用于加高坝体的工程量等于基本农田的岁修量，使淤地坝的防洪安全和坝地保收得到持续保障，这是水沙相对平衡的机制。

随着坝系工作的开展，在总结分析运行较好的小流域坝系的基础上，把相对平衡的概念推广到坝系，提出了坝系"相对稳定"的概念：小流域坝系建设达到一定规模后，通过骨干坝、中型坝、小型坝等坝群的联合调洪、蓄水和拦泥，合理利用洪水和泥沙，在校核洪水标准下，可以保证坝系中的骨干坝安全，在设计洪水标准下，可以实现坝地作物保收，从而使坝系的调洪蓄沙与坝体加高达到一种相对稳定状态。此概念克服了单坝为实现相对平衡必须建设高坝大库的局限，将单坝相对平衡的目标从时间和空间上予以扩展和重新分配，把坝系作为一个整体，使其在结构功能、投资分配、效益发挥等方面具有更明显的优势，在指导坝系建设上更具有现实意义。

"八五"期间，国家科技攻关课题"多沙粗沙区沟道流域淤地坝坝系相对稳定研究"，选取陕西、山西和内蒙古自治区的6条典型流域坝系，进行深入细致的调查分析,进一步揭示了坝系相对稳定的含义,并对坝系相对稳定的标准及定量判别方法进行了研究。该课题组从暴雨、防洪和保收等方面提出了坝系相对稳定的条件和标准:在暴雨频率(24 h雨量)1%~2%时,坝地内水深小于60~80 cm,淹水时间小于7昼夜,坝地面积与流域面积之比为1/15~1/20;该课题组把坝系相对稳定概括为:一定频率的洪水条件下保证坝系安全,保收频率洪水下坝地高产稳产,泥沙基本不出沟,充分合理地利用水沙资源,盐碱危害小,维修工程量小,能自我维持、自我发展。实际上,他们所提的"相对稳定"没有区分单坝和坝系,主要是单个坝地来水来沙与用水用沙的相对平衡。

"九五"期间,黄河流域水土保持科研基金资助项目"黄土丘陵沟壑小流域坝系相对稳定及水土资源开发利用研究",对坝系相对稳定的形成过程、成立条件及其控制原理和方法进行了研究。该课题组认为衡量一个坝系是否达到相对稳定,需满足以下条件:①坝系的总淤积面积与坝系所控流域面积之比须大于一定的允许值;②流域单位面积大中型坝的剩余滞洪库容和剩余拦洪库容分别大于坝系设计洪水的洪水模数和校核洪水总量;③坝系内大、中、小型坝分工合理,防洪、拦沙、生产分别由不同的坝承担;④坝系内各坝无病险情况。淤地面积只是所需的最基本条件之一,不是唯一条件。

由于问题本身的复杂性,随着坝系建设实践的不断深入,坝系相对稳定的标准也显示出其局限性。有不少学者,如李敏指出淤地坝的"允许淹水深度"是在野外对高秆作物进行水淹试验得出的,未考虑种植蔬菜等经济作物的水淹情况;毕慈芬认为坝系相对稳定的标准缺乏力学标准;史学建提到目前的判别标准没有揭示淤地坝达到相对平衡所需的地形、地质、气候、水文、植被、土壤侵蚀强度等自然条件和所需的社会经济条件。

虽然坝系相对稳定的研究成果还很不完善,但沟道坝系的相对稳定现象是客观存在的。黄土高原已有多个基本实现了相对稳定的坝系,达到多年洪水不出沟,被就地就近拦蓄利用。坝系减蚀机制主要表现在:①局部抬高侵蚀基准,减弱重力侵蚀,控制沟蚀发展;②拦蓄洪水泥沙,减轻沟道冲刷;③减缓地表径流,增加地表落淤;④增加坝地,提高农业单产，促进陡坡退耕还林还草，减少坡面侵蚀。

总之，坝系相对稳定理论具有以下实践意义：首先，它可以指导淤地坝坝系建设规划，否则坝系的拦泥淤地和减蚀等目标就不能很好地实现；其次，它可以检验已建坝系是否达到相对稳定，便于对已建工程进行合理维护和管理。随着实践的深入和交叉学科的出现，该理论必然会逐渐成熟，走进高校课堂，走向一线的水利水保部门。

6.2 豫西山区坝系规划

6.2.1 常用的规划方法

坝系规划常用的方法主要有综合平衡规划法和系统工程规划法。前者是目前最常用的方法，后者对技术人员的要求较高，只有在条件许可的情况下方可采用。豫西山区最常用的坝系规划方法是综合平衡规划法，所以重点介绍前者，对后者简单加以说明。

6.2.1.1 综合平衡规划法

综合平衡规划法是工程技术人员在规划范围内进行勘测，综合考虑流域内水资源利用、农业生产、淤地坝蓄水拦沙和流域的产水产沙达到平衡等因素，凭借专业知识和经验对淤地坝进行规划。该法操作简便、数据较可靠，无须高科技手段，适用范围较广，但工作量大，需花费的时间较长。该法的技术路线和工作流程分别如图6-1、图6-2所示。

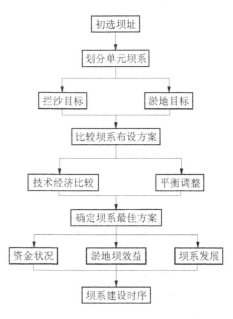

图 6-1 综合平衡规划法的技术路线

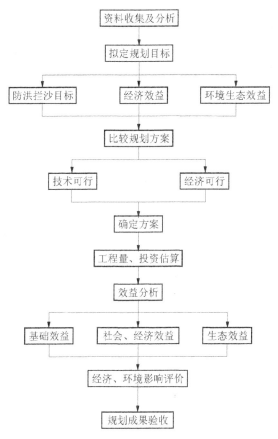

图 6-2 综合平衡规划法的工作流程

6.2.1.2 系统工程规划法

坝系规划主要需解决好 3 个问题：①布坝密度和工程规模；②建坝时序；③建坝间隔问题。这 3 个问题相互关联、相互制约，采用一般方法来同时予以解决并非易事，但运用系统工程规划法就可以很好地予以解决。

系统工程规划法是根据系统工程学的优化理论，以工程的最大经济效益为目标函数，根据具体的约束条件，建立数学模型，编制程序，通过计算机求解，获得最优的规划方案。该法可以在多种约束条件下对极其复杂的系统问题进行优化处理，得到基本符合实际的规划方案。但是，往往涉及较多的参数，除要求技术人员有较高的专业知识水平、能运用运筹学知识建立数学模型外，还要有以下技术支撑：遥感（RS）技术，提取已有坝库的分布、坝地数量等信息；地理信息系统（GIS）技术，提取流域的地理特征信息；求解模型的计算机技术和数据库。

6.2.2 小流域坝系建设总量

6.2.2.1 单元坝系数量的确定

1）初步拟定单元坝系的数量

小流域内骨干坝平均单坝控制面积决定着单元坝系的数量，而骨干坝与中小型坝的配置比例又决定着中小型淤地坝的建设数目。根据对黄土高原已建典型坝系现状调查，不同土壤侵蚀强度区，骨干坝平均单坝控制面积及其与中小型淤地坝的不同配置比例，详见表6-1。

表 6-1 不同侵蚀强度区骨干坝单坝控制面积及淤地坝配置比例

侵蚀强度	平均侵蚀模数（万 t/（km²·年））	骨干坝单坝控制面积 $\tilde{A}$（km²）	中小型坝与骨干坝配置比例 C
剧烈	2	3	7
极强度	1.2	3.5	4.6
强度	0.7	5	3.7
中轻度	0.4	8	3.3

由表6-1可知，不同土壤侵蚀强度区的建坝条件是不同的，从而影响骨干坝单坝对水沙的控制能力。小流域内单元坝系的数量按照别式（6-1）来初步拟定。

$$N_g=（F-F_0）/\tilde{A} \tag{6-1}$$

式中 N_g——单元坝系的数目，个；

F——坝系工程拟控流域面积，km²；

F_0——坝系工程已控流域面积，km^2；

$\tilde{A}$——骨干坝单坝平均控制面积，km^2。

2）调整单元坝系数目

单元坝系存在于子坝系中，而子坝系面积不一定正好是单元坝系面积的整数倍，故单元坝系的数目在分配到子坝系的过程中需予以调整，按下式进行：

$$N_{gi} = F_i / \tilde{A} \qquad (6\text{-}2)$$

$$N_g' = \sum_{i=1}^{n} N_{gi} \qquad (6\text{-}3)$$

式中　N_{gi}——子坝系 i 中单元坝系的数目，个，i =1，2，$\cdots$，n；

　　　F_i——子坝系 i 的面积，km^2，i =1，2，$\cdots$，n；

　　　N_g'——调整后单元坝系的数目，个；

　　　其余符号意义同前。

值得注意的是，在调整过程中，子坝系中单元坝系的数目 N_{gi} 是变动的，存在一个允许的取值范围。一般 N_{gi} 的确定有以下几种方法：

（1）四舍五入法对 N_{gi} 取整；

（2）若流域为剧烈侵蚀区，骨干坝的单坝控制面积应大于 3 km^2，这种情况下取 N_g 的整数部分；

（3）若计算结果小于 1，应删去该子坝系。

把调整后的 N_{gi} 与实地查勘确定的骨干坝建设能力比较，若 N_{gi} 小于流域骨干坝建设能力，便可确定为单元坝系数目；反之，取流域可建骨干坝的数目作为单元坝系的数目。

6.2.2.2　中小型淤地坝数量的拟定

1）比例推算法

根据流域所处的侵蚀区类型，参照表 6-1 按下式计算：

$$N_{zx} = N_g' \cdot C \qquad (6\text{-}4)$$

式中　N_{zx}——中小型淤地坝的数目，座；

N'_g——调整后单元坝系的数目，个；

C——中小型坝与骨干坝的配置比例，据表 6-1 查得。

2）目标推算法

坝系工程的主要目标是拦沙和淤地，两者与单坝间存在着如下关系：

对拦沙目标

$$W = W_g \cdot N_g + W_z \cdot N_z + W_x \cdot N_x \qquad （6-5）$$

对淤地目标

$$A = A_g \cdot \omega_g + A_z \cdot \omega_z + A_x \cdot \omega_x \qquad （6-6）$$

也可变换成：

$$A = \frac{W_g}{\omega_g} \cdot N_g + \frac{W_z}{\omega_z} \cdot N_z + \frac{W_x}{\omega_x} \cdot N_x \qquad （6-7）$$

$$N'_{ZX} = N_z + N_x \qquad （6-8）$$

式中 W_g、W_z、W_x——骨干坝、中型坝、小型坝的平均拦沙量，m^3/座；

N_g、N_z、N_x——骨干坝、中型坝、小型坝的数目，座；

A_g、A_z、A_x——骨干坝、中型坝、小型坝的平均淤地面积，hm^2/座；

ω_g、ω_z、ω_x——骨干坝、中型坝、小型坝的淤地模数，m^3/hm^2；

N'_{ZX}——中小型淤地坝的数目，座。

联立求解上述方程，就可得到中小型淤地坝的数目。

3）调整中小型淤地坝数目

上述两种推算法的出发点不同，其结果必然不同，故需要调整中小型淤地坝的数目，把中小型淤地坝配置到各单元坝系中。其调整思路如下：

（1）数量调整。

以目标计算的结果为基准来调整淤地坝的数目，在调整过程中须遵照以下原则：

①人口密集、用地需求大的地区适度增加，反之则适度减少；

②土壤侵蚀强度大、沟壑密度大的地区适度增加，反之则减少；

③受周围地形、建筑物影响，建坝条件差的沟道适度削减；

④植被较好的区域或林区可少建或不建中小型淤地坝。

（2）结构调整。

中型坝与小型坝的拦泥库容和单坝淤地面积存在着数量上的差异，就拦沙量和淤地量而言，增加中型坝的数目较增加小型坝的数目效果要大得多，反之亦然。因此，通过调整中小型淤地坝的数量，以达到拦沙、淤地和座数上的平衡是可行的。

（3）综合调整。

同时采用数量调整和结构调整两种方法来确定中小型坝的数目。

6.2.3 坝系建设顺序

淤地坝建设是一项复杂的系统工程，受自然、社会、经济和地质条件的影响较大，一般遵循的原则是：以水土流失严重、生态环境恶劣、经济落后的地区为重点，兼顾一般。优先安排群众急需、能有效控制水沙或其他方面能取得明显效果的工程；优先安排配套工程或改建工程，避免现有淤地坝损毁，使其继续发挥作用，不仅节省投资，而且提高了防洪标准。

6.2.3.1 小流域建坝顺序对工程安全的影响

坝系建设顺序很多，如先支沟后主沟、先上游后下游、先主沟后支沟、先下游后上游等。建坝顺序不同，不仅影响坝系工程规模，而且影响工程的安全，下面用如图6-3所示的例子来予以说明：

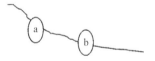

图6-3　某坝系示意图

图6-3中，某坝系有a、b两座骨干坝，上游坝a控制面积F_a=5 km²，下游坝b控制区间面积F_b=3 km²，两坝均只由大坝和放水工程组成，不含溢洪道，设计淤积年限t均为15年。流域侵蚀模数M_0=1.35 万 t/（km²·年），校核防洪标准（200年一遇）的洪量模数M_p=11 万 m³/km²，泥沙容重γ=1.35 t/m³。

1）计算工程规模

下面分考虑建坝顺序和不考虑建坝顺序两种情况来计算工程规模（总库容）。

（1）b 坝建成 5 年后修建 a 坝。

因为 a 坝在 b 坝建成 5 年后修建，其时间间隔 $t_d=5$，前 5 年内 b 坝的控制面积为 $F_b'=F_a+F_b=8$（km²），按 15 年淤积期算，b 坝的总库容为

$$V_b = V_{b淤} + V_{b滞} = \frac{(F_b + F_a)M_0 t_d + F_b M_0 (t - t_d)}{\gamma} + F_b M_p \quad (6\text{-}9)$$

代入相关数值可得，$V_b=103$ 万 m³。

（2）不计建坝顺序时的总库容：

$$V_a = V_{a淤} + V_{a滞} = \frac{F_a M_0 t}{\gamma} + F_a M_p = 130 \text{ 万 m}^3$$

$$V_b = V_{b淤} + V_{b滞} = \frac{F_b M_0 t}{\gamma} + F_b M_p = 78 \text{ 万 m}^3$$

2）工程安全分析

（1）就淤积年限而言，两种计算结果的总库容相差 25 万 m³，若 5 年末没有及时修建 a 坝，b 坝将在第 7 年年末被泥沙淤满，使工程规模不能满足要求，由此可见，建坝顺序直接影响工程的规模。

（2）就总库容而言，在考虑建坝顺序的前提下，还需对 b 坝的库容进行校核，计算第 5 年年末 b 坝的库容是否满足设计要求。其计算公式为

$$V_b' = V_{b淤}' + V_{b滞}' = \frac{(F_b + F_a)M_0 t_d}{\gamma} + (F_a + M_b)M_p = 128 \text{ 万 m}^3$$

此结果表明，第 5 年年末 b 坝所要求的总库容是 128 万 m³，大于原设计 103 万 m³，从安全角度考虑，该坝系正确的工程规模应为 128 万 m³。这个例子足以说明：在考虑建坝顺序的同时，还须对运行期内关键阶段的防洪安全进行校核，以免出现错误。

6.2.3.2 豫西山区的坝系建设顺序

豫西山区最常见的坝系建设顺序是先上游后下游、先支沟后主沟，下面以滕王沟小流域来加以说明。

1）流域概况

滕王沟小流域地处豫西伏牛山区，嵩县北部，属伊河水系一级支流、黄河二级支流。该流域海拔 286~864 m，地势西北高东南低，水土流失

面积 37.8 km²，占总面积 41.2 km² 的 91.7%。该流域属黄土高原丘陵沟壑区第三副区，有大小沟道 126 条，总长度 71 km，平均沟壑密度 2.43 km/km²，干沟平均比降 0.019 9，主沟道断面多为 U 形，支沟多为 V 形。该流域多年平均降水量 665 mm，年土壤侵蚀模数 5 100 t/km²，年均输沙量 21 万 t，其水土流失程度如表 6-2 所示。

表 6-2　滕王沟流域现状水土流失程度

流失面积								总面积 (km²)
轻度 (km²)	比例 (%)	中度 (km²)	比例 (%)	强度 (km²)	比例 (%)	极强度 (km²)	比例 (%)	
9.3	24.6	12.1	32.01	8.1	21.43	8.3	21.96	41.2

流域内土壤主要为褐土类的砂壤土、红黏土，其营养成分表现为缺磷、少氮、钾有余。流域内植被稀少，流域上部以乔灌木林为主，下部沟底以速生用材林为主，坡面多为经果林，森林覆盖率仅为 17.6%。流域内地面坡度较缓，坡度在 25° 以下面积占 72% 以上，土层较为深厚，绝大部分面积为农耕地，其坡度组成如表 6-3 所示。

表 6-3　滕王沟流域坡度组成　　　　　　　　　（%）

项目	0°~5°	5°~15°	15°~25°	25°~35°	35°~45°	> 45°	合计
土地	15	30	27	20	6	2	100
农耕地	30.2	38.9	25.3	5.6			100

该流域主沟和较大支沟有常流水，多年平均径流量 455 万 m³，主要源于汛期 6~9 月暴雨产生的洪水，洪水呈现峰高、量小、历时短、含沙量高的特点。该流域不同洪水重现期的特征值如表 6-4 所示。

表 6-4　滕王沟流域不同洪水重现期的特征值

洪水重现期(年)	10	20	30	50	100	200	300
洪峰模数（m³/（s·km²))	8.72	11.7	13.55	15.93	18.49	22.7	24.6
洪量模数(万 m³/km²)	9.8	12.1	13.6	15.6	18.2	21.0	22.4

2）流域水土流失治理现状

截至 2002 年年底，该流域已建淤地坝 24 座，其中大型淤地坝 2 座，中小型淤地坝 22 座，均布置在较大支沟内，初步形成了防洪、拦泥、蓄水、生产、养殖相结合的利用格局，并取得了显著的社会效益、生态效益、经济效益。但是，对小流域的前期治理缺乏系统的科学规划、治理标准不高、治理投入低、重治轻管，大部分坝已淤满，失去了滞洪、拦泥能力，原有大型淤地坝病险严重，需维修加固。此外，还缺乏控制性的骨干坝，坝系运行情况见表6-5。该流域坝系的防洪能力主要取决于大型淤地坝，由表6-6可知：现有的2座大型淤地坝只能防御10年、50年一遇的洪水，需新建控制性骨干坝，并对这2座坝配套加固，提高坝系防洪能力。

表6-5　滕王沟流域现状坝系运行情况

坝型	座数	控制面积 (km²)	库容(万 m³)			淤地面积(hm²)	
			总	已淤	剩余	可淤	已淤
大型	2	18.5	386.74	155.99	230.75	15.39	8.32
中小型	22	7.7	55.13	41.15	13.98	27.73	23.11
合计	24	26.2	441.87	197.14	244.73	43.12	31.43

表6-6　滕王沟流域现状坝系防洪能力分析

坝名	控制面积 (km²)	总库容 (万 m³)	防洪库容 (万 m³)	抵御频率 (年)	修建 年份
张堂	7.50	139.90	58.97	10	1963
杨圪垯	11.00	246.84	97.02	50	1960
合计	18.50	386.74	155.99		

3）小流域坝系规划

由表6-2可知，该流域属中强度侵蚀区。2003年7月，在坝系相对稳定理论的指导下，结合流域实际，经分析论证该流域共需建骨干坝7座，其中新建5座、配套加固2座，控制流域面积30.41 km²，占流域总面积的73.8%；需新建中型坝9座，小型坝15座，骨干坝与中小型淤地坝的配置比例为1：3.43。该流域骨干坝的位置如图6-4所示。建设期末，该坝系的总库容将达到832.57万 m³，新增滞洪库容375.99万 m³，新增拦泥库容456.58万 m³。该坝系建设期为2002~2005年，共3年，其分年度计划如表6-7所示。

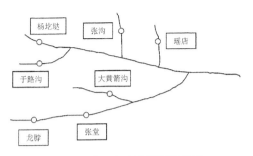

图 6-4　滕王沟流域骨干坝位置

表 6-7　坝系工程年度计划

建设年份	2003	2004	2005	合计(座)
骨干坝(座)	1	3	3	7
淤地坝(座)	5	11	8	24

坝系的正常运行主要依靠防洪和生产两大体系支撑,即坝系的防洪能力与坝系的防洪保收能力,这两大体系的综合就体现了坝系相对稳定的内涵。前者是保证坝系安全运行的中枢,是坝系的骨架,主要由骨干坝来承担;后者是确保坝系运行和可持续发展的必要条件,是坝系的主要内容,主要由中小型淤地坝承担。坝系建成后,随着时间的推移,坝系的库容会因为淤积而逐年减少,防洪能力随之降低。但坝地面积却逐年增加,坝系的防洪保收能力相应增强,两者是一个动态变化的过程。

4)规划结果的分析

滕王沟流域坝系中均有放水设施,设计时是按照规范要求的 5 d 能放完指定频率的洪水来考虑的,能满足坝地种植高秆作物时坝地最大淹没水深小于 0.8 m,淤积深度小于 0.3 m,淹水历时小于 5 昼夜的要求;另外,该流域坝系主要以防洪蓄水为目的,因此规划中可不进行防洪保收能力分析。

从表 6-8 可知:坝系的防洪能力较现状坝系有了大幅度的提高。在前 20 年,骨干坝能抵御 200~500 年一遇的洪水,但到 25 年末,仅张堂、杨圪垯坝还能抵御 200~500 年一遇的洪水。所以,自第 25 年年末就应采取相应的措施对坝体进行加高或配套溢洪道工程。

表 6-8　不同时段末坝系防洪能力计算结果

坝名	坝控面积 (km²)	时段末（年）					
		5	10	15	20	25	30
龙脖	4.83	200	200	200	200	10	
于路沟	2.69	200	200	200	200		
大黄箭沟	2.36	200	200	200	200	10	
张沟	4.00	200	200	200	200	30	
瑶店	2.86	200	200	200	200		
张堂	2.67	200	200	200	200	200	200
杨圪垯	11.00	500	500	500	500	500	300

第 7 章　淤地坝减蚀效益分析

7.1　淤地坝减蚀量的计算

长期的观测和大量的研究表明:豫西山区小流域的泥沙主要来自坡面和沟道,该区地表覆盖的黄土土质疏松、抗蚀性能很差,土壤表面因为暴雨直接遭到雨滴的击溅和浸润,呈现稀泥状,原来的土壤结构被破坏,地表的泥浆抑制了水分下渗,径流挟带着泥浆顺坡下流,逐渐形成大的股流,对坡面的冲刷随之增大,形成浅沟,继而发展成切沟和冲沟汇入支流,形成高含沙水流;坡面大量的高含沙水流不断汇集形成山洪,由于沟底坡度较大,加大了山洪的流速和冲刷力,导致沟头前进、沟底下切和沟岸扩张,使得两岸产生滑坡,泥沙大量涌入沟道,这种高含沙水流是淤地坝建设的基础。据调查,发生特大暴雨时,沟谷的下切深度可达数米。坝库修建后,沟道由于泥沙淤积而不断增高,崩塌、滑坡等重力侵蚀得到有效控制,大量泥沙被拦蓄,大大减弱了水土流失。

7.1.1　淤地坝拦沙量的计算

淤地坝的作用如此巨大,如何来定量描述呢? 许多学者对其拦沙量与减蚀量的计算方法进行了深入研究。屈凤莲等对平凉市纸坊沟坝地土层的土壤含水量及小麦产量进行研究,发现坝地土壤含水量与沟坡梯田差异不大,但前者的小麦产量明显高于后者,说明淤地坝的修建提高了两岸沟坡土壤的含水量和作物产量;张胜利、王万忠、冉大川、曾茂林及黄河水利委员会黄河上中游管理局对此进行了深入研究,认为淤地坝的总拦沙量由两部分构成,第一部分主要是已淤坝地的拦沙量,其计算公式如下:

$$W_{SL1}=M_A A\,(1-\beta_1)\,(1-\beta_2) \tag{7-1}$$

式中 W_{SL1}——截至计算年份淤地坝拦沙量，t；

A——流域坝地面积，hm^2；

M_A——单位坝地面积的拦沙量，也称作拦沙定额，t/hm^2；

β_1——人工填垫及两岸坍塌形成的坝地面积在坝地总面积中所占比例；

β_2——在坝地拦沙量中推移质所占的比例，在黄河中游，$\beta_2=0.1$。

第二部分是到计算年份为止未淤成坝地部分的拦沙量，这一部分在淤地坝总拦泥量中占有一定的比例。因为缺乏实测资料，这一部分无法直接计算。大量调查资料研究显示：一般淤地坝拦沙的年限为12年，依据坝地历年累计淤积面积的变化趋势，把淤积年限n（如$n=13$年）作为指标对到计算年份仍在滞洪的淤地坝进行淤成预测，得到未淤成坝地部分的拦沙量。举例说明，假设有一个坝到2000年已拦淤2年，将在11年后即2011年淤成坝地，根据坝地累计面积，这部分泥沙量将占2011年坝地淤积增长量的2/13，即

$$\Delta W_{SL2}=\frac{2}{13}(A_1-A_2)M_A(1-\beta_1)(1-\beta_2) \tag{7-2}$$

式中 ΔW_{SL2}——到2000年，已经淤积2年的淤地坝拦沙量，t；

A_1、A_2——2010年和2011年坝地预测的累计面积，hm^2。

依次类推可得到其他拦沙年限的拦沙量，把计算不同拦沙年限的拦沙量公式合并可得下式：

$$W_{SL2}=\frac{1}{13}\left(\sum_{i=1}^{12} A_i-12A\right)M_A(1-\beta_1)(1-\beta_2) \tag{7-3}$$

式中 W_{SL2}——到计算年为止未淤成坝地部分的拦沙量，t；

A_i——自计算年份预测的每年淤成的坝地面积，hm^2。

这样计算的依据是：每年淤地坝的拦沙量除与其规模和数量有关外，还跟坡面产沙量有关。这两个值的大小在数年之后就主要体现在坝地面积的增长上。所以，这种做法是符合实际情况的。对流域而言，如果坡面来沙量较多，库容大的淤地坝拦蓄的泥沙就多，相应地，其坝地面积增长也就快。

进行淤成预测时，如果考虑坡面各种水保措施对来水来沙的拦截作用、淤地坝的水毁率或保存率，则需对式(7-2)进行修正：

$$\Delta W_{SL2}=k(1-B)\frac{2}{13}(A_1-A_2)M_A(1-\beta_1)(1-\beta_2) \qquad (7\text{-}4)$$

式中　k——坡面各种水保措施对淤地坝拦沙量的影响；

　　　B——淤地坝的水毁率，该值一般为25%；

　　　其余符号意义同前。

所以，淤地坝总的拦沙量为

$$W_{SL}=W_{SL1}+W_{SL2} \qquad (7\text{-}5)$$

式中　W_{SL}——到2000年淤成的坝地累计拦沙量，t。

由于流域地形复杂多变，淤地坝规模、坝高及库容的多样性，该方法求得的结果不可避免地存在着误差。张胜利等还提出了采用全面调查法来计算淤地坝的拦沙量，即逐个调查流域每个淤地坝的拦沙量，而后进行累加求和得到整个流域总的拦沙量。该方法较为烦琐且工作量大，但结果的精度很高。陕西省就运用该法计算了一些支流淤地坝的拦沙量，得到了满意的结果。

7.1.2　淤地坝减蚀量的计算

淤地坝修建后，沟道内的侵蚀就会减缓，减蚀量一般按下式计算：

$$\Delta W_{JS}=AW_{SM}e_1e_2 \qquad (7\text{-}6)$$

式中　ΔW_{JS}——淤地坝在分析年份的减蚀量，t；

　　　A——淤积坝地的面积，km^2；

　　　W_{SM}——分析年份流域的侵蚀模数，t/km^2；

　　　e_1——沟谷侵蚀量与流域平均侵蚀量之比，也称侵蚀系数；

　　　e_2——坝地之上沟谷的侵蚀影响系数。

所以，淤地坝的减沙量可由下式表示：

$$W_{JS}=\Delta W_{JS}+\Delta W_{SL} \qquad (7\text{-}7)$$

7.2 淤地坝减洪量的计算

淤地坝的减洪量由两部分构成：淤平后作为农地利用的坝地减洪量和仍处于滞洪时期的减洪量。淤地坝被泥沙淤平后，其减洪作用等同于水平梯田；仍处于滞洪期间的淤地坝，其同时进行着拦沙和拦洪工作，拦沙是拦洪的目的，淤积泥沙中所含的水分，一部用于蒸发，另一部分通过下渗补给河流，因此这部分减洪量的计算，不考虑其蓄水量，只考虑淤积泥沙中所含的水量。

7.2.1 淤平坝地的减洪量

淤地坝淤平后，其减洪量是按照有埂的水平梯田来计算的，公式如下：

$$\Delta W_{\mathrm{YP}} = A_i \times W_{\mathrm{m}i} \tag{7-8}$$

式中　ΔW_{YP}——淤平坝地的减洪量，m^3；

　　　A_i——计算年份流域坝地的面积，km^2；

　　　$W_{\mathrm{m}i}$——流域坡耕地计算年份的径流模数，t/km^2。

7.2.2 处于滞洪运行期的减洪量

仍处于滞洪运行期的淤地坝，其减洪量可由淤地坝的总拦沙量来计算，其公式为

$$\Delta W_{\mathrm{ZH}} = b W_{\mathrm{SL}} / \gamma_{\mathrm{g}} \tag{7-9}$$

式中　ΔW_{ZH}——处于滞洪运行期的减洪量，m^3；

　　　b——淤地坝拦洪时的洪沙比；

　　　γ_{g}——淤积泥沙的干容重，一般为1.3~1.35 t/m^3。

淤积在淤地坝内的各层泥沙的干容重值不同，随着淤积深度的增加，干容重沿着剖面从上到下呈现一定的分布规律，故可对式(7-9)再进行修正，使计算的结果更准确，更符合实际，其修正式如下：

$$\Delta W_{\mathrm{ZH}} = b W_{\mathrm{SL}} / \gamma_{\mathrm{g}i} \tag{7-10}$$

式中　γ_{gi}——各淤积层的泥沙干容重，t/m^3。

由以上分析可得，淤地坝的总减洪量为

$$\Delta W_{JH}=\Delta W_{YP}+\Delta W_{ZH} \tag{7-11}$$

7.3　淤地坝拦沙减蚀作用与效益

不少学者对淤地坝减蚀作用和效益进行了研究，如冉大川对多沙粗沙区的河龙区间进行了研究，发现淤地坝的减洪减沙效果十分明显：该区域的淤地坝在1970~1996年间年均减沙1.138亿t，减少下游淤积泥沙0.285亿t和冲沙用水22.8亿m^3，节省河道清淤费用85.5亿元。其26年间的减洪减沙量分别占水保持措施减洪减沙总量的59.3%和64.7%，淤地坝的减蚀效益可见一斑；熊贵枢等根据支流把口站的资料进行研究，发现无定河把口站以上坝库年均减少沟蚀量2 080万t。其减蚀总量占多年平均输沙量的20.8%，从而得出结论，淤地坝在拦沙的同时，还可以固岸、减轻对河道的冲刷；绥德王茂沟流域和李家寨沟流域沟道状况、流域面积、土壤等方面都较为接近，但王茂沟流域坝系比较完整，而李家寨沟流域只有2座淤地坝，方学敏等将这两个流域进行对比研究，发现王茂沟流域1953~1986年间淤地坝拦沙总量为166.5万t，流域的产沙模数也从治理前的18 000 t/km^2降到治理后的504 t/km^2，基本上控制了水土流失，而李家寨沟流域的侵蚀产沙却异常剧烈；刘汉喜等在此基础上作了进一步的研究，得出结论：坝系的拦沙作用是持续的，因为在相似的降水条件下，无论是径流量还是输沙量，王茂沟流域都较李家寨沟流域有所减少，而输沙量减少最为明显。

黄河水利委员会黄河上中游管理局的调查显示，自20世纪70年代以来，黄河流域三门峡以上河段一般年份的来沙量比以前减少了3亿t，其中90%以上的泥沙被拦蓄在淤地坝和水库内，据其分析预测，黄土高原地区可建淤地坝11万多座，能够拦沙约280亿t，这些坝系完成后，预计每年可减少入黄泥沙约11亿t，再加上流域内的其他水保措施，下游河道的泥沙淤积问题可以得到根本解决，根除"悬河"之危，确保黄河安澜。

7.4 砚瓦河小流域坝系效益分析

据统计，截至2008年年底，豫西山区共建设淤地坝2 037座，其中骨干坝178座，中型坝290座，小型坝1 569座，主要分布在三门峡、洛阳、郑州、济源和焦作，如表1-4所示。

这些淤地坝在防洪拦沙的同时，还产生了极大的经济效益、社会效益、环境生态效益，下面以砚瓦河小流域为例来予以说明。

7.4.1 砚瓦河小流域概况

砚瓦河小流域位于黄河中、下游衔接地带，隶属于济源市，是黄河中上游的一级支流，距小浪底水库坝址处仅2.0 km，流域面积89.39 km²。

砚瓦河小流域的地貌类型属于土石山区，区内冈峦起伏、沟壑纵横，海拔为190~595 m。地势北高南低，地貌由梁、坡、沟组成，以坡为主，坡面面积占流域面积的81%。流域内有主沟1条，较大支沟3条，中小支沟76条，沟壑密度3.1 km/km²。

该流域属于暖温带大陆性季风气候区，四季分明，年均气温14.3 ℃，多年平均降水量696 mm，降水在地域上分布不均衡，从虎岭向南呈递减趋势；降水的年内分配也不平均，汛期(6~9月)占全年的74%，多以暴雨形式出现，且历时短、雨强大，汛期暴雨也是流域洪水产生的源泉，其特点是：来势迅猛、峰高量小、历时短、含沙量高。流域内的主沟和较大支沟一般有基流，多年平均径流量0.14亿 m³，正是源于汛期产生的洪水。

该流域属于黄河中上游典型的风化砂页岩水土流失类型区，水土流失形式以水力侵蚀为主，兼有重力侵蚀。水蚀主要表现为面蚀和沟蚀；重力侵蚀面积较小，主要表现为崩塌、滑坡和泄流。汛期的暴雨洪水是造成水土流失的外部条件；风化砂页岩的成土母质为砂页岩风化物，是水土流失的物质条件；此外，不合理的人类活动，如陡坡耕垦、乱砍滥伐、过度放牧等加剧了水土流失。

7.4.2 坝系产生的效益

砚瓦河小流域坝系于2008年全面建成并投入使用,该坝系有监测资料,现以该流域为例来说明淤地坝的效益。

7.4.2.1 基础效益

自20世纪六七十年代,该流域开始开展水土保持工作,由于治理标准较低,收效不是很大。该流域坝系建设始于2004年10月,到2008年9月全部建成投产,共计骨干坝6座,中型坝12座,小型坝28座。截至2009年年底,该坝系已经产生了如下效益:累计拦蓄泥沙22 578.32 m³,蓄水90 465 m³,灌溉供水269 500 m³,灌溉面积1 286 hm²,如表7-1、表7-2所示。

表 7-1　砚瓦河小流域坝系拦沙效益

项目	骨干坝	中型坝	小型坝	合计
拦蓄泥沙量(m³)	9 578.5	4 136.82	8 863	22 578.32
淤泥面积(m²)	59 170	24 425	43 764	127 359

表 7-2　砚瓦河小流域坝系蓄水效益

项目	骨干坝	中型坝	小型坝	合计
蓄水量(m³)	52 700	20 500	17 265	90 465
灌溉供水量(m³)	172 660	32 080	64 760	269 500

7.4.2.2 直接经济效益

由表7-3可知,除拦沙蓄水外,在坝系运行的初期已经开始产生直接的经济效益。2009年比较干旱,全年未降一次透雨,该流域农作物秋季不能及时得到雨水浇灌,面临减产甚至绝收的威胁。坝系的建设和投产及时地发挥了抗旱灌溉的作用,灌溉效益很大,增产约0.12亿 kg;养殖效益是由4个骨干坝、4个中型坝、2个小型坝产生的,产量也十分可观。随着坝系的连续运行,各种效益会更加凸显。

表 7-3　砚瓦河小流域坝系直接经济效益

养殖效益		灌溉效益			
养殖密度 (尾/hm²)	年产量 (kg)	灌溉单产 (kg/hm²)	灌溉面积 (hm²)	未灌单产 (kg/hm²)	增加产量 (kg)
4 500~60 000	66 075	11 832	1 286	2 553	11 932 794

7.4.2.3　环境效益和社会效益

坝系在拦蓄水土、防洪淤地、灌溉养殖等方面发挥着巨大的综合效益，初步实现了对流域内洪水泥沙的长期有效控制，改善了土壤的水分和养分含量，加速了土壤的熟化过程，有利于作物的生长发育、提高粮食单产。据统计，沟坝地的粮食单产可以达到坡耕地的4~6倍，使水土资源得到了充分利用；减少了进入下游河道的泥沙，延缓了下游河道淤积，减轻了下游河道的清淤工作量，节省了一定的人力、物力、财力；坝系联合运用，削洪调沙，防止沟道下切、沟岸扩张，抬高侵蚀基准，有利于沟坡的稳定；通过蓄浑排清，可以调节河川径流，降低洪水含沙量，减轻下游防洪压力，增加河道清水流量和增强自净能力。总之，坝系建设使流域生态环境逐步趋于良性循环，为实现人与自然和谐相处提供了保障。

另外，随着坝地的增加，农民改广种薄收为少种高产多收，农业生产逐渐向集约化经营发展，提高了农民收入和劳动生产率，有利于土地利用结构的合理调整；项目的实施给当地群众提供了更多的就业机会，部分淤地坝坝顶作为连通乡村级道路的桥梁，不仅改善了当地的交通条件，而且促进了农村经济的发展，随着医疗卫生和文化教育的发展，人民的生活质量也会逐步提高。

第8章 淤地坝的管护技术

8.1 淤地坝管理遵循的原则

淤地坝的运行管理形式多种多样,对一个具体工程而言,采用哪种形式要因地制宜,综合考虑以下几个因素:①防汛安全。豫西山区的降水比上游充沛,防汛任务重,因此对骨干坝管理不论采取哪种形式,都应首先考虑防汛,可采取部门管理、乡政府管理、承包管理等形式,在采取承包管理时,防汛要由县水利局或乡政府负责,不能由承包户负责;中型淤地坝的防汛可由村委会负责,小型淤地坝的防汛由承包者自行负责。②投资主体。国家为投资主体的工程,可采用以县水利局为管理单位,承包运行的形式;乡村为投资主体的工程,宜采用以乡村为管理单位,承包运行的形式;股份投资的工程,一般采用群体运行方式,以便最大程度地发挥淤地坝的综合效益。③在具体操作中,要注意处理好当地群众投资与受益的关系问题,以免引起不必要的纠纷。④在坝系的运行中,国家还须支付一定的建设费用,用于大坝的加高、防汛标准的提高等,确保坝系安全持续运行。对于投资的工程,采用"谁投资、谁管理、谁受益"的股份制形式和群众自行管理形式。此外,还要考虑便于正常维修。

骨干坝一般由乡政府负责管理,包括防汛、维修、支付管理人员工资等;中型坝一般由所在乡负责防汛,所在村负责具体管护;小型坝一般由所在村负责全面管理。

8.2 豫西山区淤地坝的主要管理形式

8.2.1 水利部门管理

这种形式主要适合于库容大、位置重要、以防洪为主的特大型骨干坝。如孟州市的小柴河骨干坝，总库容 500 万 m³，由市水利局实行整体管理，对水面养殖进行承包。其优点是有专门的水利技术人员，可以保证汛期洪水的安全调度；缺点是国家每年都需拿出一定的管理和运行经费，以坝养坝难以实现。

8.2.2　乡政府管理

这种形式主要适合于以蓄水综合利用为主、效益较好的骨干坝。如孟州市的刘雷骨干坝，由于其水源可靠，可解决 5 000 人生活用水及部分农田灌溉问题，由乡政府统一管理，供水工程按企业化经营。其优点是管理较为规范，维修经费有保障，且在缺水时便于统一协调用水。

8.2.3　村集体管理

这种形式问题太多，效果不好，目前已很少采用。如洛宁县的上河堤淤地坝，库容 28.3 万 m³，前期蓄水时由村集体派人管理；巩义市的民权骨干坝由村委会派人管理；嵩县的杨大庄、班竹寺淤地坝由村委会统一管理，每年收取灌溉水费作为工程的维修费用和再建设基金。这种形式往往名誉上是专人管理，实际上是兼职看护。管理人员由于工资低，从而导致似管非管，工程不能得到正常维护，使其效益不能正常发挥，且有安全隐患，后来淤平后改为承包管理。

8.2.4　股份制管理

该种形式适用于多方出资修建的供水效益好的工程。如灵宝市的莫河骨干坝，总库容 65 万 m³。原来该工程由窄口水库管理所管理，由于水价太低，又不能有效协调解决，管理单位拿不出足够的资金来维修，受益的群众又不愿意集资维修，工程的病险情况越来越严重。为解决这一问题，灵宝市水利局对该工程推行股份制管理，成立股份公司，主要股东有三个：一是程村乡人民政府将莫河治沟骨干工程和灌区的固定资产（土地、建筑物及土地附属物）的使用权通过评估作价 65 万元入股，法定代表人为乡长；二是郭某，程村乡程村村农民，出资 75 万元入股；

三是郭某，程村乡程村村农民，出资 60 万元入股。对工程的供水系统及灌溉系统进行了配套。实行有偿供水，供水到田间，按方收费，水价根据水利部文件的规定，按照成本加利润核定。由于灌区全部采用高标准节水灌溉，水费标准为 1.0 元/m³，1999 年股份公司通过供水和多种经营共收入 100 万元，保证了工程的维修。

8.2.5 承包管理

这种形式是目前采用最多的一种形式，效果非常好，一是责任明确，管理到位；二是积累的承包金可以有效解决除险的费用问题，以坝养坝，实现投资者与管理者双赢。承包管理形式根据不同的情况可以分为不同的具体形式。一是对国家投资的骨干坝，可以以水利局或乡政府与承包者（联户或单位）签订合同，承包者负责工程的正常运行、维护，县水利局、乡政府负责防汛，如洛宁县的上河堤淤地坝、新安县的南林庄骨干坝、嵩县的张堂淤地坝和瑶店骨干坝等。二是以村集体为投资主体修建的淤地坝（大多为中型淤地坝），由村委会承包给群众进行管理，防汛安全由村委会负责，正常维护由承包方负责。

8.2.6 群众自行管理

这种形式多存在于以群众为投资主体、国家适当补助修建的小型淤地坝，多建于群众自己的田间地头，初期蓄水灌溉，后期淤平种地。

各种管理形式的具体操作程序如表 8-1 所示。

表 8-1　河南省淤地坝现行运行管理形式

运行管理模式	运作过程	管理、经营者责权利	主管部门职责
承包管理	1.县水利局与乡政府共同对承包金进行测算→制定承包办法→发布承包公告； 2.报名→选定承包人； 3.签订承包合同； 4.县公证处进行公证	1.负责淤地坝的管理、维修和养护； 2.负责防汛报警； 3.拥有承包范围内的自主经营权； 4.按时交纳承包金； 5.服从乡政府的防汛安排	1.负责工程管理范围的划定； 2.负责防汛工作的检查督促； 3.承包金的收缴和管理使用； 4.保护承包人的合法权益

乡政府管理	1.工程建成后由县水利局与乡政府签订管理责任书; 2.由乡水利站代表乡政府进行具体管理	1.乡政府负责工程的防汛工作; 2.工程所有权归乡政府; 3.乡水利站负责工程的运营; 4.乡水利站负责工程的管护和维护	1.县水利局监督检查工程运行情况,督促防汛工作的落实; 2.乡政府负责协调解决有关问题
水利部门管理	1.工程验收后,水利局成立专门的管理单位进行管理; 2.县水利局与管理单位签订目标管理责任书	1.工程所有权归县水利局; 2.管理单位全权负责工程的安全运行和工程维护; 3.负责工程的经营,收入上交水利局	1.县水利局监督检查工程运行情况,督促防汛工作的落实; 2.负责管理人员的经费及防汛费用
村集体管理	1.工程建成后交村委会,村委会对工程划边定界; 2.村委会落实管理人员; 3.村委会与管理人员签订管理责任书	1.村委会负责落实管理人员的有关费用; 2.村委会对管理效果进行监督检查; 3.管理人员对工程进行正常的管护、维修; 4.工程的开发利用由村委会负责	1.县水利局、乡水利站负责汛前检查及技术指导; 2.村委会负责具体的防汛工作

8.3 存在的问题及对策

8.3.1 存在的主要问题

(1)对管护的重要性认识不足,坝的产权归属不明,管护主体责任不到位。

目前,淤地坝建设中还存在着重视建设而轻视预防管护的现象,只重视争取项目、争取投资,而忽略建设成果的管护,导致有些坝遇到暴雨发生毁坏。淤地坝建设从立项到实施,有一套完整的管理体系,从中央到地方都有人抓,各级项目实施机构责任明确。而在建成后的管护运行阶段,则产权关系不明,管护责任不到位。虽然将坝地和水面划分承包、租赁到户,但这只限于使用权的流转和收益权的处置,而没有把淤地坝随坝地和水面一并移交，其结果是：淤地坝工程有人用却无人管护。对于新建成的淤地坝工程，尽管竣工时要求落实管护责任，但由于一时见不到效益而无人问津，其结果是谁建归谁。如灵宝的朱乙河流域几座治沟骨干工程，1995~2001 年实行了承包责任制，由于是集体承包，管理工作仍受主管部门制约，法定责任人只是顶个名，没有主动权，导致灌区连年亏损，给主管单位造成不应有的损失。

（2）预防管护的投资机制还未形成，水保监督执法不力。

有些地方因为财政困难，广大群众贫穷落后，导致一些已经验收的淤地坝项目没有管护投资和专门的管护组织及专门人员。此外，一些地方没有建立市场运作机制，开辟融资渠道，鼓励全社会和当地群众的广泛参与。这就从根本上限制了预防监督工作的开展和管护措施的实施；虽然淤地坝建设成果的管护中有一些好的管护典型，但还存在着执法不严的情况，一些地方只重视开发建设项目的执法，而不重视治理成果的管护执法，使得管护效果不明显。

8.3.2　对策

（1）加强宣传，提高认识，制定政策，落实责任。

通过广泛深入宣传贯彻《中华人民共和国水土保持法》，提高全民水土保持法律意识，营造良好的社会氛围，提高人们搞好成果管护的自觉性，使"预防监督，管护优先"的水保方略得以落实。各级水保行政主管部门要进一步完善淤地坝产权政策，建立管护工作责任制，把成果管护责任纳入区域经济建设的目标中，使管护责任落到实处。如嵩县藤王沟流域制定了《坝系工程建设和管理条例》，规定：任何单位和个人不准擅自在坝内进行一切活动；要求承包人保本保值经营，对掠夺性生产者或破坏工程设施者，轻者罚款，重则法办；对坝内种植户提供岁修基金，确保坝体维修。

（2）以市场为导向，建立维修基金，完善运行管理机制。

各级政府和业务部门要善于运用市场手段，通过股份合作、拍卖、承包和租赁等形式，来搞活淤地坝的经营管理，用回收的资金建立淤地坝的防汛维修基金,实现滚动发展。淤地坝建设涉及国家生态建设目标的实现,农民群众是这一目标实现的最大受益群体,通过明晰产权责任,形成淤地坝运行管护的技术法规体系,保护农民建坝、经营坝地的长期利益,调动其积极性。各级政府和水保部门应对管护责任的落实情况进行监督,加强行业管理,形成良性循环的管护运行机制,确保坝系长期发挥效益。前面提到的朱乙河流域 2002 年进行了招标承包,其管理实践充分体现了其先进性、合理性:首先,明确责任,使工程管护落到实处;其次,提高服务质量,变过去的等人要水为上门送水;再次,加强管理,提高水资源的利用率。这样承包者在得到实惠的同时,也为集体带来了财富,也为工程的维修和再建设积累了基金。

第9章　今后的研究方向

9.1　坝系相对稳定理论及坝系规划、设计理论的研究

　　淤地坝作为黄土高原地区主要的沟道治理措施，需要一套科学的坝系建设理论和技术来指导实践。但是截至目前，尚未形成完善的理论体系，如沟道重力侵蚀的定量研究、布坝密度、规模、建坝时序及坝系的配置、设计施工等方面的关键技术尚未完全解决，还有待探索，这就影响到淤地坝建设的科学、高效、快速发展。

　　小流域坝系相对稳定理论是在实践中总结出来的。现有的研究比较凌乱，缺乏系统性。在坝系相对稳定形成的条件、判别标准、定量方法、达到相对稳定的年限、不同类型区坝系相对稳定临界值的确定和该理论的适用范围等方面还需要进行试验研究和科学论证，为坝系的优化规划和建坝时序间隔等提供理论依据。因此，在建设示范坝系的同时应进行观测和检测，对成功实例进行总结，积累系统数据，通过实践来探寻理论、技术支持。

　　目前的坝系规划方法一直沿用传统的经验规划法，缺乏科学的方案比选论证，加之规划力量相对薄弱，使得规划成果科技含量不高，与实际有一定的差距。今后需要在研究淤地坝发展潜力的基础上，加强对总体规划中不同层次的长、中、短期规划方案的经济效益、生态效益、基础效益的综合评价和论证；加强对规划涉及的基本论断、主要技术经济参数的论证和评价。同时，加强规划技术和方法的研究，解决好大中小坝的合理配置、修建位置和次序、各坝防洪标准的确定等问题。

　　当前采用的坝系设计方法也是平常的经验法，工程结构和水力计算上采用的方法较粗，如调洪演算、坝高的确定，还有采用经验公式或相

似流域的实测资料，计算量大，工作效率不高。随着科学技术的发展，计算机辅助设计（CAD）、地理信息系统（GIS）、地下水数值模拟系统（GMS）正在逐步被引入淤地坝设计之中，要加强其应用研究，包括设计原理和设计方法的创新。

9.2　节水生态型淤地坝的结构设计研究

　　节水生态型淤地坝，是指能有效拦截泥沙，节约和高效利用水资源，并能维持可持续生态环境的淤地坝单坝系统。节水型是指淤地坝单坝系统能节约和高效利用水资源。淤地坝单坝系统，是指由淤地坝（坝体、溢洪道、排水建筑物）、坝地及其控制面积内的沟道和坡面所组成的系统。根据豫西黄土区的实际情况和流域水土资源合理高效利用的需求，淤地坝建设必须考虑完备的排水设施，做到拦沙排水，除有解决农村饮水任务的淤地坝外，每年汛后必须将积水排入下游河道，以减少水分无效蒸发和水资源浪费。新淤成的坝地，必须构建有效的排水系统，防止盐碱化和沼泽化。在坝地上进行农牧业生产，应尽可能采用旱作方式，若进行灌溉，应大力推广节水灌溉措施。

　　生态型是指淤地坝单坝系统能维持良好的和可持续的生态环境。淤地坝建设不仅应着眼于拦沙淤地，形成稳产高产田，而且要与黄土高原生态建设密切结合，促进集水区坡地退耕还林还草。退耕还林还草，一方面要根据当地气候、地形、土壤和水资源等条件，因地制宜地进行人工林草建设，另一方面要充分发挥生态自我修复能力，进行仿拟自然建设。在坝地的利用方面，要合理施用化肥和农药，尽可能多地施用有机肥料和采用生物治虫方法，减轻面源污染危害。

　　因此，今后应在坚持水沙资源可持续利用和防洪并重的原则下，研究淤地坝的结构形式、防渗形式、排水及防洪设施、研究溢洪道的合理形式和建设时期，研究各种过水土坝的新技术，以利于水资源的高效利用、节约保护和优化配置，对拦蓄的泥沙进行淤地造田，随淤随用，建设生态节水型淤地坝。此外，对缺乏水文实测资料的地区要进行水文计算方法的研究，以便为淤地坝的设计提供可靠的水文资料。

9.3 筑坝新技术、新工艺和沟道综合治理技术的研究及推广

豫西山区淤地坝主要为土坝、土石坝、砌石重力坝、砌石拱坝。土坝、土石坝的施工工艺主要是机械碾压；筑坝顺序一般是先上游后下游的梯级成坝技术。在此基础上，可以借鉴外省的好的技术和工艺，如水坠筑坝技术、定向爆破水坠筑坝技术、水力充填筑坝技术和植物柔性坝技术等。

研究发现，沟道中的土壤侵蚀主要集中在正发育的支毛沟头，淤地坝淤积后存在着加高和坝体渗漏问题，对沟头的发育还难以控制。要想从根本上控制沙源，就要控制集中产沙的支毛沟，防止沟头前进和沟岸扩张。在沟头建设植物柔性坝，既可以拦沙，又可以恢复生态，这就是植物柔性坝技术。以植物柔性坝拦沙工程为先导，以沟道淤地坝、人工湿地、人工滩地为沟底基本农田的主要组成部分。以中小型坝为主体，骨干坝为依托，微型水库作为保证，在支毛沟拦截粗沙，人工滩地、沟道坝地拦截细沙，坝与坝之间形成人工湿地、沟道坝地，增加天然径流的入渗量，微型水库拦蓄剩余的下泄径流，实现水沙分治、水沙平衡、泥沙不出沟，人与自然和谐相处，达到可持续发展的目的。

因此，今后在研究淤地坝筑坝新技术、新工艺的同时还应该加强柔性坝技术、人工滩地技术的研究，以便形成沟道系统生态快速恢复和蓄水拦沙、调节水土资源、防止土壤侵蚀的小流域沟道系统综合治理技术体系。

9.4 淤地坝监测与效益评价技术、参与式坝系管护机制研究

通过坝系监测体系建设，对认识淤地坝对流域水沙的拦蓄、调节机

制及水沙在坝系的演进过程，揭示坝系相对稳定的规律；分析坡面侵蚀与沟道侵蚀之间的相互联系，量化流域泥沙来源中坡面泥沙和沟道泥沙指标；跟踪淤地坝工程建设质量，研究安全经济的坝坡和岸坡削坡坡度，为淤地坝工程的规划、设计、施工、运行管理提供依据。此外，建立高效、科学的坝系监测体系，利用现代信息技术、3S 技术，可以快速获取淤地坝建设项目区的小流域、沟道和坡面等不同部位的水文、气象和坝体运行情况等信息，为科学评价淤地坝的效益提供依据。同时会全面提高坝系规划、设计、施工、管理的科技含量，提高其投资效益。

农户参与式淤地坝建设与管理机制，可以建立合理的中央、地方和群众投入协作机制，使淤地坝建设规模和速度与国家财力及当地承受能力相适应；建立责权利统一的运行管理机制，可以确保坝系长期发挥效益。另外，可以积极创造条件，把"三项制度"落到实处。

所以，今后要在常规监测技术的基础上，采用 3S 技术等新技术进行监测评价，研究坝系综合效益的评价技术和方法。在工程建设管理方面，利用先进的管理技术，如管理信息系统（MIS）、决策支持系统（DSS）和专家系统等进行研究，来规范淤地坝建设管理程序，建立现代化的管理模式，提高管理效率和决策水平。

参 考 文 献

[1] 河南水土流失[EB/OL]. http://www.yellowriver.org/0308pages-1/shb-henan/shb-henan.htm.

[2] 陈维杰. 豫西雨水资源开发利用刍议[J].中国水土保持科学，2005，3(3): 51-55.

[3] 陈维杰，李重新，李战. 豫西雨水资源开发利用途径探析[J].中国生态农业学报，2006，14(2): 185-188.

[4] 刘小勇，吴普特. 雨水资源集蓄利用研究综述[J].自然资源学报，2000，15(2): 189-193.

[5] 陈维杰. 雨水资源的水土保持开发利用模式与关键技术研究[J]. 水利规划与设计，2008(1):29-33.

[6] 陈维杰. 豫西山丘区构建径流聚集工程体系研究[J]. 中国水土保持科学，2008，6(4)：89-93.

[7] 朱显谟. 再论黄土高原国土整治"28 字方略"[J]. 土壤侵蚀与水土保持学报，1995，1(1): 4-11.

[8] 陈维杰. 河南省汝阳县治理水土流失方略初探[J].水利发展研究，2003，3(1): 48-51.

[9] 陈维杰. 水土保持综合治理措施效益分析——以浑椿河流域为例[J].水利经济，2006，24(2): 22-25.

[10] Davis J J. Caesium, its relationship to potassium in ecology. In v. Schultz and A.W.Klement Jr.(Eds.), Radioecology[M]. New York：Reinhold，1963：539-556.

[11] Volchok H L，Chieco N. A compendium of the Environment Measurement Laboratory's research projects related to Chernobyl nuclear accident. USDOE Rep. EML-460[R]. New York：Environmental Monitoring Labortory，1986.

[12] Rogowski A S，Tamura T. Movement of sup ^{137}Cs by runoff，erosion，and

infiltration on the alluvial Captina silt loam [A]. Symposium on radiation and terrestrial ecosystems, Richland, WA, USA, 3 May 1965.

[13] Menzel R G. Transport Strontium-90 in runoff[J]. Science (Washington), 1960, 131: 499-500.

[14] Louis G. Williams and Homer Patrick. Metabolism of cesium-134 in rabbits*1, *2 [J]. Archives of Biochemistry and Biophysics, 1957, 70(2): 464-468.

[15] Graham E R. Factors affecting Sr-89 and I-131 removal by runoff water[J]. Water and Sewage Works, 1963, 110: 407-410.

[16] Sprugel D G, Bartlett G E. Erosional removal of fallout Plutonium from a Iarge Midwestern watershed[J]. J. Environ.Qual., 1978, 7(2): 175-177.

[17] 唐克丽, 等. 中国水土保持[M]. 北京: 科学出版社, 2004.

[18] Meyer L D, W H Wischmeier. Mathematical simulation of process of soil erosion by water[J]. Trans. ASAE, 1969, 12(6): 754-758.

[19] 王晓燕. 燕沟流域侵蚀强度演变特征研究[D]. 杨凌: 西北农林科技大学, 2003.

[20] 张洪江. 土壤侵蚀原理[M]. 北京:中国林业出版社, 2000.

[21] Zingg A W. Degree and length of land slope as it affects soil loss in runoff [J]. Agricultural Engineering, 1940, 21(2): 59-64.

[22] Musgrave G W. The Quantitative Evaluation of Factor in Water Erosion-A First Approximation[J]. Journal of soil and Water Conservation, 1947, 2 (3): 133-138.

[23] Ellison W D. Soil erosion studies Part I-Part VII[M]. Agricultural Engineering, 1947: 145-444.

[24] Smith D D, Wischmeier W H. Rainfall erosion[M]. Advances in Agronomy, 1962: 109-144.

[25] Meyer L D, Wischmeier W H. Mathematical simulation of process of soil erosion by water[J]. Trans. ASAE, 1969, 12(6): 754-758.

[26] 李占斌. 黄土地区坡地系统暴雨侵蚀试验及小流域产沙模型[D].西安: 陕西机械学院, 1991.

[27] Renard K G, Foster G R, Weesies, et al. Predicting Soil Erosion by Water: A

Guide to Conservation Planning with the Revised Universal Soil Loss Equation (RUSLE) Agriculture Handbook 703[M]. Washington D C: USDA-ARS, 1997.

[28] Arnold J G, Williams J R, Nicks A D, et al. SWRRB: A Basin Scale Simulation Model for Soil and Water Resources Management [M]. Texas: A & M University Press, 1990.

[29] 蒋德麟. 黄河中游小流域泥沙来源初步分析[J].地理学报, 1966, 32(1).

[30] 江忠善, 宋文经. 黄河中游黄土民陵沟壑区小流域产沙量计算[C]//北京河流泥沙国际学术讨论会论文集. 北京:光华出版社, 1980: 63-72.

[31] 江忠善、王志强、刘志. 黄土丘陵区小流域土壤侵蚀当司变化定量研究[J]. 土壤侵蚀与水土保持学报, 1996, 2(1): l-9.

[32] 李占斌. 黄土地区坡地系统暴雨侵蚀试验及小流域产沙模型[D]. 西安: 陕西机械学院, 1991.

[33] 蔡强国. 黄土丘陵沟壑区典型小流域浸蚀产沙过程模型[J].地理学报, 1996, 51(2): 108-116.

[34] 石辉、田均良、刘普灵. 小流域坡沟侵蚀关系的模拟试验研究[J]. 土壤侵蚀与水土保持学报, 1997(3):30-33.

[35] 郑粉莉, 高学田. 黄土坡面土壤浸蚀过程与模拟[M]. 西安:陕西人民出版社, 2000.

[36] 王晓燕、田均良、杨明义. 应用同位素示踪土壤侵蚀研究的进展[J]. 中国水土保持科学, 2003, 1 (4): 72-76.

[37] Rogowski A S, Tamura T. Environmental mobility of cesium-137 [J]. Radiation Botany, 1970a, 10(1): 35-45.

[38] Rogowski A S, Tamura T. Erosional behavior of ceasium-137 [J]. Health Physics, 1970b, 18: 467-477.

[39] Ritchie J C, Mchenry J R, Angela C G. Fallout ^{137}Cs in the soils and sediments of three small watersheds [J]. Ecology, 1974, 55: 887-890.

[40] Ritchie J C, Mchenry J R. Fallout ^{137}Cs in cultivated and non-cultivated North central United States watersheds[J]. J. Environ. Qual., 1978, 7(l): 40-44.

[41] Simpson H J, Olsen C R, Triver, et al. Man-made radionuclide and sedimentation in the Hudson River[J]. Science, 1976, 194: 1979-1982.

[42] Mchenry J R, Ritchie J C. Physical and chemical parameters affecting transport of 137-Cs in arid watersheds[J]. Water Resources Research, 1977, 13(6): 923-927.

[43] Mchenry J R, Bubenzer G D. Field erosion estimated from ^{137}Cs activity measurements[J]. Transactions of the ASAE, 1985, 28: 480-483.

[44] Longmore M E, Leary B M O, Rose C W, et al. Mapping soil erosion and accumulation with the fallout isotope caesium-137[J]. Aust. J. Soil Res., 1983, 21: 373-385.

[45] Spomer R G, Mchenry J R, Piest R F. Sediment movement and deposition using Caesium-137 tracer[J]. Transactions of the ASAE, 1985, 28(3): 767-772.

[46] Soileau J M, Hajek B F, Touchton J T. Soil erosion and deposition evidence in a small watershed using fallout Caesium-137[J]. SSSAJ, 1990, 54: 1712-1719.

[47] Claude Bernard, Mare R Laverdiere. Spatial redistribution of ^{137}Cs and soil erosion on Orleans Island, Quebec[J]. Can. J. Soil Science, 1992, 72: 543-554.

[48] Busacca A J, Cook C A, Mulla D J. Comparing landscape-scale estimation of soil erosion in the Palouse using ^{137}Cs and RUSLE[J]. Journal of soil and water conservation, 1993, 4: 361-367.

[49] CaoY Z, Coote D R, Nolin M C, et al. Using ^{137}Cs to investigate net soil erosion at two soil benchmark site in Quebec[J]. Can. J. Soil Science, 1993, 73: 515-526.

[50] Wauters J, Sweeck L, Valcke E, et al. Availability of radio Caesium-137 in soils: a new methodology[J]. The Science of the Total Environment, 1994, 157: 239-248.

[51] Sutherland R A, E de Jong. Estimation of sediment redistribution within agricultural fields using caesium-137, Crystal Springs, Saskatchewan, Canada[J]. Appl. Geography, 1990, 10(3): 205-221.

[52] Sutherland R A. Spatial variability of ^{137}Cs and the influence of sampling on estimates of sediment redistribution[J]. Catena, 1994, 21: 57-71.

[53] Sutherland R A. Caesium-137 soil sampling and inventory variability in reference locations: a literature survey[J]. Hydrological Processes, 1996, 10: 43-53.

[54] Sutherland R A. The Potential for reference site re-sampling in estimating

sediment redistribution and assessing landscape stability by the caesium-137 method[J]. Hydrological Processes, 1998, 12: 995-1007.

[55] Bremer E, E de Jong, Janzen H H. Difficulties in using ^{137}Cs to measure erosion in stubble-mulched soil[J]. Can. J. Soil Science, 1995, 75: 357-359.

[56] Pennock D J, Lemmen D S, E de Jong. Caesium-137-measured erosion rates for soils of five parent-material groups in southwestern Saskatchewan[J]. Can. J. Soil Science, 1995, 75: 205-210.

[57] Owens P N, Walling D E. Spatial variability of caesium-137 inventories at reference sites: An example from two contrasting sites in England and Zimbabwe[J]. Appl. Radiation Isot, 1996, 47(7): 699-707.

[58] Bajracharya R M, Rattan Lal, John M Kimble. Use of radioactive fallout caesium-137 to estimate soil erosion on three farms in West Central Ohio[J]. Soil Science, 1998, 163: 133-142.

[59] Stefano C D, Ferro V, Porto P. Applying the bootstrap technique for studying soil redistribution by caesium-137 measurements at basin scale[J]. Hydro. Sci. Journal, 2000, 45(2): 171-184.

[60] Stefano C D, Ferro V, Porto P, et al. Testing a spatial-ly distributed sediment delivery model(SEDD)in a forested basinby cesium-137technique[J]. Journal of Soil and Water Conservation, 2005, 60(3): 148-157.

[61] Wiranatha A S, Rose C W, Salama M S. A comparison using caesium-137 technique of the relative importance of cultivation and overland flow on soil erosion in a steep semi-tropical sub-catchment[J]. Aust. J. Soil Research, 2001, 39: 219-238.

[62] 张信宝,李少龙,王成华,等. [137]Cs 法测算梁峁坡农耕地土壤侵蚀量的初探[J]. 水土保持通报, 1988, 8(5): 18-22.

[63] 张信宝,李少龙,王成华,等. 黄土高原小流域泥沙来源的 [137]Cs 法研究[J]. 科学通报, 1989, 34(3): 210-213.

[64] 张信宝, D.L. 赫吉特, D.E. 沃林. [137]Cs 法测算黄土高原土壤侵蚀速率的初步研究[J]. 地球化学, 1991(3): 212-218.

[65] 张信宝,汪阳春,李少龙,等. 蒋家沟流域土壤侵蚀及泥石流细粒物质来

源的 ^{137}Cs 法初步研究[J]. 中国水土保持，1992(2)：28-31.

[66] 张信宝，李少龙，T.A. Quine，等. 犁耕作用对 ^{137}Cs 法测算农耕地土壤侵蚀量的影响[J]. 科学通报，1993，38(22)：2072-2076.

[67] 张信宝，文安邦. 黄土高原侵蚀泥沙的铯-137 示踪研究[A]. Management of Ecological Environment in the Loess Plateau of China-Proceedings of CCAST (World Laboratory) Workshop[C]. 1999：117-132.

[68] 张信宝，贺秀斌，文安邦，等. 侵蚀泥沙研究的 ^{137}Cs 核示踪技术[J]. 水土保持研究，2007(2)：152-154.

[69] 吴永红，李倬，张信宝. 黄土高原沟壑区谷坡农地侵蚀及产沙的 ^{137}Cs 法研究[J]. 水土保持通报，1994，14(2)：22-25.

[70] 赵纯勇，郭跃，张述林，等. 川中小流域丘坡耕地土壤侵蚀研究[J]. 中国水土保持，1994(9)：22-25.

[71] 文安邦，张信宝，Walling D E. 黄土丘陵区小流域泥沙来源及其动态变化的 ^{137}Cs 法研究[J]. 地理学报，1998(S0)：124-133.

[72] 文安邦，张信宝，王玉宽，等. 长江上游云贵高原区泥沙来源的 ^{137}Cs 法研究[J]. 水土保持学报，2000，14(2)：25-27.

[73] 文安邦，刘淑珍，范建容，等. 雅鲁藏布江中游地区土壤侵蚀的 ^{137}Cs 示踪法研究[J]. 水土保持学报，2000，14(4)：47-50.

[74] 杨明义，田均良，刘普灵. 用 ^{137}Cs 法研究农耕地坡面土壤侵蚀空间分布特征初报[J]. 水土保持研究，1997，4(2)：96-99.

[75] 杨明义，田均良，刘普灵. 核分析技术在土壤侵蚀研究中的应用[J]. 水土保持研究，1997，4(2): 100-112.

[76] 杨明义，田均良，刘普灵. 应用 ^{137}Cs 研究小流域泥沙来源[J]. 土壤侵蚀与水土保持学报，1999，5(3)：49-53.

[77] 杨明义，刘普灵，李立青. ^{137}Cs 示踪农耕地侵蚀速率模型精确度的比较[J]. 核农学报，2004，18(5)：385-389.

[78] Yang Mingyi, Tian Junliang, Liu Puling. Investigatng the spatial distribution of soil erosion and deposition in a small catchment on the Loess Plateau of China, usng ^{137}Cs[J]. Soil & Tillage Research，2006，87：1 86-193.

[79] 濮励杰，包浩生，彭补拙，等. ^{137}Cs 应用于我国西部风蚀地区土地退化

的初步研究[J]. 土壤学报，1998，35(4): 441-449.

[80] 李勉，李占斌，刘普灵. 水蚀风蚀交错带峁坡不同坡向 [137]Cs 示踪研究[C]// 全国土壤侵蚀与区域水土保持环境效应学术研讨会，杨凌，2001.

[81] 李勉，杨剑锋，侯建才，等. [137]Cs 示踪法研究黄土丘陵区坡面侵蚀空间变化特征[J]. 核技术，2009，32(1)：50-54.

[82] Li Mian，Tian Jun-liang，Li Zhan-bin. Preliminary Investigations on the Use of ^{137}Cs to Estimate Soil Erosion in Purple Hilly Area[C]. The 3rd Erochinut workshop，Sept. 25-28，2000，YangLing.

[83] Li Mian，Li Zhanbin，Liu Puling. Estimating Soil Loss in Purple Hilly Area with Fallout Cesium-137[C]. International symposium on soil erosion management，Taiyuan，Shanxi. China，April 26-30，2001.

[84] 王晓燕，李立青，杨明义，等. 小流域不同土地利用方式土壤侵蚀分异的 [137]Cs 示踪研究[J]. 水土保持学报，2003，17(2)：74-76.

[85] 王晓燕，田均良，杨明义，等. 黄土坡面 [137]Cs 浓度与坡面耕垦历史的关系研究[J]. 核技术，2005，28(8)：607-612.

[86] 李仁英，杨浩，赵晓光，等. [137]Cs 在黄土高原地区土壤侵蚀示踪中的应用研究[J]. 土壤，2004，36(1)：96-98.

[87] 李仁英，杨浩，唐翔宇，等. 黄土高原地区 [137]Cs 的分布及其影响因子研究[J]. 土壤学报，2004，41(4)：628-631.

[88] 贺秀斌，张信宝，Walling D E. 基于湖库沉积剖面 [137]Cs 变化的流域表层侵蚀速率计算模型[J]. 自然科学进展，2005，15(4)：495-498.

[89] 郑进军，张信宝，贺秀斌. 川中丘陵区坡耕地侵蚀空间分布的 WEPP 模型和 [137]Cs 法研究[J]. 水土保持学报，2007，21(2)：19-23.

[90] 侯建才，李占斌，李勉. 紫色丘陵区小流域土壤侵蚀产沙空间分布的 [137]Cs 法初步研究[J]. 农业工程学报，2007，23(3)：46-50.

[91] 侯建才，李占斌，李勉，等. 小流域和土地利用类型对侵蚀产沙影响的 [137]Cs 法研究[J]. 水土保持学报，2007，2l(2)：36-39.

[92] 张治伟，傅瓦利，张洪，等. 岩溶坡地土壤侵蚀强度的 [137]Cs 法研究[J]. 山地学报，2007，25(3)：302-308.

[93] 张明礼，杨浩，林加加，等. 利用 [137]Cs 示踪技术研究滇池流域土壤侵蚀[J].

土壤学报，2008，17(6)：2450-2457.

[94] 王小雷，杨浩，赵其国，等. ^{137}Cs 法估算宁镇山脉地区黄棕壤侵蚀作用的初步研究[J]. 水土保持学报，2009(2)：32-36.

[95] 张利华，李辉，张艳艳. 基于 ^{137}Cs 示踪法的丹江口小流域农用地土壤侵蚀研究[J]. 地理科学，2009(2)：273-277.

[96] Murry A S. Methods for determining the sources of sediments reaching reservoirs: targeting soil conservation[J]. Ancold bulletin, 1990, 85: 61-70.

[97] Collins A L, Walling D E, Sichingabula H M, et al. Using ^{137}Cs measurements to quantify soil erosion redistribution rates for areas under different land use in the upper Kaleya river basin, southern Zambia[J]. Geoderma, 2001(104): 299-323.

[98] Schuller P, Walling D E, Sepulveda A, et al. Use of ^{137}Cs measurements to estimate changes in soil erosion rates associated with changes in soil management practices on cultivated land[J]. Appl. Radiation Isot., 2004(60): 759-766.

[99] Zhang Xinbao, Walling D E. Characterizing land surface erosion from cesium-137 profiles in lake and reservoirs sediments[J]. J. Environ. Qual., 2005, 34 (2): 514-523.

[100] Porto P, Walling D E, Tamburino V, et al. Relating caesium-137 and soil loss from cultivated land[J]. Catena, 2003, (53): 303-326.

[101] 龚时旸. 人民治黄的先驱和探索者[C]//王化云治河文集. 郑州：黄河水利出版社，1997.

[102] 水利部黄河水沙变化研究基金会. 黄河水沙变化研究论文集：第一卷[R]. 1993.

[103] 陈章岑，于德广，雷元静，等. 黄河中游多沙粗沙区快速治理模式的时间与理论[M]. 郑州：黄河水利出版社，1998.

[104] 朱显谟. 黄土区土壤侵蚀的分类[J]. 土壤学报，1956，4(2)：99-115.

[105] 王万忠. 黄土地区降雨特征与土壤流失关系的研究[J]. 水土保持通报，1983(4)：7-13.

[106] 唐克丽. 黄河流域的侵蚀与径流泥沙变化[M]. 北京：中国科学技术出版社，1993.

[107] 张科利. 浅沟发育对土壤侵蚀作用的研究[J]. 中国水土保持，1991(1)：17-19.

[108] 郑粉莉，贺秀斌. 黄土高原植被破坏与恢复对土壤侵蚀演变的影响[J]. 中国水土保持，2002(7)：21-25.

[109] 蔡强国，陆兆熊. 黄土丘陵沟壑区典型小流域侵蚀产沙过程模型[J]. 地理学报，1996，51(2)：108-117.

[110] 王万忠，焦菊英. 黄土高原降雨侵蚀产沙与黄河输沙[M]. 北京：科学出版社，1996.

[111] 景可，郑粉莉. 黄土高原水土保持对地表水资源的影响[J]. 水土保持研究，2004，11(4)：11-12，73.

[112] 刘元保，唐克丽，查轩，等. 坡耕地不同地面覆盖的水土流失试验研究[J]. 水土保持学报，1990，4(1)：25-29.

[113] 田均良，周佩华，刘普灵，等. 土壤侵蚀 REE 示踪法研究初报[J]. 水土保持学报，1992，6(4)：23-27.

[114] 周佩华，刘炳武，王占礼，等. 黄土高原土壤侵蚀特点与植被对土壤侵蚀影响的研究[J]. 水土保持通报，1991，11(5)：26-31.

[115] 罗来兴，祁延年. 陕北无定河、清涧河黄土区域的侵蚀地形与侵蚀量[J]. 地理学报，1955，21(1)：35-44.

[116] 席承藩，程云生，黄直立. 陕北绥德韭园沟土壤侵蚀情况及水土保持办法[J]. 土壤学报，1953，2(3)：148-166.

[117] 张信宝，温仲明，冯明义，等. 应用 ^{137}Cs 示踪技术破译黄土丘陵区小流域坝库沉积赋存的产沙记录[J]. 中国科学(D)：地球科学，2007，37（3）：405-410.

[118] 侯建才，李占斌，李勉，等. 基于淤地坝淤积信息的小流域泥沙来源及产沙强度研究[J]. 西安理工大学学报，2007，23(2)：118-122.

[119] 李勉，杨剑锋，侯建才，等. 黄土丘陵区小流域淤地坝记录的泥沙沉积过程研究[J]. 农业工程学报，2008，24(2)：64-69.

[120] 方学敏，曾茂林. 黄河中游淤地坝坝系相对稳定研究[J]. 泥沙研究，1996(3)：12-20.

[121] 张胜利，于一鸣，姚文艺. 水土保持减水减沙效益计算方法[M]. 北京：

中国环境科学出版社，1994.

[122] 曾茂林，朱小勇，唐玲玲，等. 水土流失地区淤地坝的拦泥减蚀作用及发展前景[J]. 水土保持研究，1999，6(2)：126-133.

[123] 杨爱民，王浩，高季章，等. 黄土高原节水生态型淤地坝建设的方法与措施[J]. 中国水土保持科学，2005，3(3)：92-97.

[124] 嵩县水利电力局. 贾寨川示范小流域验收总结报告[R]. 1999.

[125] 杨明义. 多核素示踪定量研究坡面侵蚀过程[D]. 西安：西北农林科技大学，2001.

[126] 李勉. 小流域侵蚀与产沙关系的 ^{137}Cs、^{210}Pb$_{ex}$ 示踪研究[D]. 北京：中国科学院，2002.

[127] 张信宝，贺秀斌，文安邦，等. 川中丘陵区小流域泥沙来源的 ^{137}Cs 和 ^{210}Pb 双同位素法研究[J]. 科学通报，2004，49(15)：1537-1541.

[128] 林大义. 土壤学实验指导[M]. 北京：中国林业出版社，2004.

[129] Sutherland R A, De J E. Estimation of sediment redistribution within agricultural fields using caesium-137, Crystal Springs, Saskatchewan, Canada. Appl. Geography, 1990, 10(3): 205-221.

[130] 汪阳春，张信宝，李少龙. 黄土峁坡侵蚀的 ^{137}Cs 法研究[J]. 水土保持通报，1991，11(3)：34-37.

[131] Owens P N, Walling D E, He Q, et al. The use of caesium-137 measurement to establish a sediment budget for the Start catchment, Devon, UK [J]. Hydrological Sciences, 1997, 42: 405-423.

[132] Ritchie J C, Spraberry James A, Mchenry J R. Estimating Soil Erosion from the Redistribution of Fallout ^{137}Cs [J]. Soil Science Society of America, 1974, 38: 137-139.

[133] Campbell B L, Elliott G L, Loughran R J. Measurement of soil erosion from fallout ^{137}Cs[J]. Search, 1986, 17：148-149.

[134] Menzel R G, Pil-kyun Jung, Kwan-shig Ryu, et al. Estimating soil erosion losses in Korea with fallout Caesium-137[J]. Appl. Radiat. Isotopes, 1987, 38 (6): 451-454.

[135] Loughran R C, Campbell B L. The identification of catchment sediment

sources[A]. Sediment and Water Quality in River Catchment [C]. Chichester, UK: John Wiley & sons, 1995: 189-205.

[136] Kachanoski R G, E de Jong. Predicting the temporal relationship between Soil cesium-137 and erosion rate[J]. J. Environ. Qual., 1984, 13(2): 301-304.

[137] E de Jong, Begg C M, Kachanoski R G. Estimates of soil erosion and deposition from Saskatchewan soils[J]. Can. J. Soil Sci., 1983, 63: 607-617.

[138] Kachanoski R G. Comparison of measured soil 137-caesium losses and erosion rate[J]. Can. J. Soil Sci., 1987, 67: 199-203.

[139] Martz L W, E de Jong. Using caesium-137 to assess the variablity of net soil erosion and its association with topography in a Canadian Prairie landscape[J]. Catena, 1987, 14: 439-451.

[140] Martz LW, E de Jong. Using caesium-137 and landform classification to develop a net soil erosion budget for a small Canadian Prairie watershed[J]. Catena, 1991, 18:289-308.

[141] Walling D E, Quine T A. Calibration of caesium-137 measurements to Provide quantitative erosion rate data[J]. Land degradation and rehabilitation, 1990, 2: 161-175.

[142] Brown R B, Cutshall N H, Kling G F. Agricultural erosion indicated by ^{137}Cs, redistribution: I. Levels and Distribut ion of ^{137}Cs activity in soil[J]. SSSAJ, 1981, 45: 1184-1190.

[143] Brown R B, Kling G F, Cutshall N H. Agricultural erosion indicated by ^{137}Cs redistribution: II. Estimates of erosion rates[J]. SSSAJ, 1981, 45: 1191-1197.

[144] Lowrance R J, Elliot G L, Campbell B L, et al. Erosion and deposition in a field/forest system estimated using ^{137}Cs activity[J]. J. Soil and Water Conservation, 1988(2): 195-198.

[145] 唐相宇, 杨浩, 赵其国, 等. [137]Cs 示踪技术在土壤侵蚀估算中的应用研究进展[J]. 地球科学进展, 2000, 15(5): 576-582.

[146] Kachanoski R G. Estimating soil loss from changes in soil caesium-137[J]. Can. J. Soil Sci., 1993, 73: 629-632.

[147] Quine T A. Estimation of erosion rates from the caesium-137 data:The

calibration question[A]. Sediment and water quality in river catchments[C]. John Wiley&Sons, Chiehester, UK. 1995: 307-330.

[148] He Q, Walling D E. The distribution of fallout ^{137}Cs and ^{210}Pb in undisturbed and cultivated soils[J]. Appl. Radiat. Isot., 1997, 48(5): 677-690.

[149] Owens P N, Walling D E. The use of a numerical mass-balance model to estimate rates of soil redistribution on uncultivated land from ^{137}Cs measurement[J]. J. Environ. Radiat., 1998, 40(2): 185-203.

[150] Walling D E, He Q. Improved models for estimating soil erosion rates from caesium-137 measurements[J]. J. Environ. Qual., 1999, 28(2): 611-622.

[151] Yang H, Du M Y, Chang Q, et al. Quantitative model for estimating soil erosion rates using [137]Cs[J]. Pedosphere, 1998, 8(3): 211-220.

[152] 杨浩, 杜明远, 赵其国, 等. 利用 [137]Cs 示踪农业耕作土壤侵蚀速率的定量模型[J]. 土壤学报, 2000, 37(3): 296-305.

[153] Yang H, Chang Q, Du M, et al. Quantitative model of soil erosion rates using ^{137}Cs for uncultivated soil [J]. Soil Science, 1998, 163(3): 248-257.

[154] 杨浩, 杜明远, 赵其国, 等. 基于 [137]Cs 地表富集作用的土壤侵蚀速率的定量模型[J]. 土壤侵蚀与水土保持学报, 1999, 5 (3): 42-48.

[155] Zhang X B, Higgitt D L, Walling D E. A Preliminary assessment of the potential for using cesium-137 to estimate rate of soil erosion in the Loess Plateau of China [J]. Hydro. Sci. J., 1990, 35: 243-252.

[156] Zhang X B, Walling D E, He Q. Simplified mass balance models for assessing soil erosion rates on cultivated land using caesium-137 measurements [J]. Hydrological Science, 1999, 44(1):33-45.

[157] 周维芝. [137]Cs 法研究不同地貌类型土壤侵蚀强度分异[D]. 杨凌: 中国科学院水利部水土保持研究所, 1996.

[158] Stokes G G. On the effect of the internal friction of fluids on the motion of pendulums [J]. Transaction of the Cambridge Philosophical Society, 1851(9): 8-106.

[159] 李昌志, 刘兴年, 曹叔尤, 等. 前期降雨与不同沙源条件小流域产沙关系的对比研究[J]. 水土保持学报, 2001, 15(6): 36-39.

[160] 王万忠. 黄土地区降雨特征与土壤流失关系的研究[J]. 水土保持通报，1984，14(3)：58-63.

[161] Hudson N W. 土壤保持[M]. 窦葆璋，译. 北京：科学出版社，1976.

[162] Wischmeier W H，Smith D D. Predicting rainfall erosion losses: A guide to conservation planning[R]. U.S. Dep. Agric., Agric. Handb. No. 703，1997.

[163] Renard K G，Foster G R，Weesies G A，et al. Predicting Soil Erosion By Water: A Guide to Conservation Planning with the Revised Universal Soil Loss Equation (RUSLE)[R]. U.S. Dep. Agric., Agric. Handb. No. 703，1997.

[164] 李占斌. 黄土地区小流域次暴雨侵蚀产沙研究[J]. 西安理工大学学报，1996，12(3): 177-183.

[165] 周佩华，王占礼. 黄土高原土壤侵蚀暴雨标准[J]. 水土保持通报，1987，7 (1): 38-44.

[166] R lal. 土壤侵蚀研究方法[M]. 黄河水利委员会新闻宣传出版中心，译. 北京:科学出版社，1991.

[167] 王万忠，焦菊英. 黄土高原降雨侵蚀产沙与黄河输沙[M]. 北京：科学出版社，1996.

[168] 吴发启，赵晓光，刘秉正，等. 黄土高原南部缓坡耕地降雨与侵蚀的关系[J]. 水土保持研究，1996，6(2)：53-60.

[169] 吴发启，赵晓光，刘秉正. 缓坡耕地侵蚀环境及动力机制分析[M]. 西安:陕西科学技术出版社，2001.

[170] 谢云，刘宝元，章文波. 侵蚀性降雨标准研究[J]. 水土保持学报，2000，14(4)：6-11.

[171] 尹显和，任剑锋，华建平. 放射性核素铯-137 在土壤里不同质地中的分布规律[J]. 南华大学学报：理工版，2001，15(3): 49-51.

[172] 龚时旸，蒋德麒. 黄河中游黄土丘陵沟壑区沟道小流域的水土流失及治理[J]. 中国科学，1978，11(6)：671-678.

[173] 张平仓，唐克丽，郑粉丽，等. 皇甫川流域泥沙来源及其数量分析[J]. 水土保持学报，1990，4(4)：29-36.

[174] 加生荣. 黄丘一区径流泥沙来源研究[J]. 中国水土保持，1992(1)：20-23.

[175] Frere M H，Robens H. The loss of stontium-90 from small cultivated

watersheds[J]. Soil Sci.Soc. Am. Proc., 1963, 27: 82-83.

[176] Walling D E, Quine T A. Calibration of cesium-137 measurements to provide quantiative erosion rate date[J]. Land Degrad. Rehab., 1990(2): 161-172.

[177] Burch G J. Detection and prediction of sediment soul-es in catchments: use of 7Be and [137]Cs. Paper presented at hydrology and water resources symposium, inst. of Eng., Aust. Nati. Univ., Canberron, 1988.

[178] He Q, et al. Determination of suspended sediment provenance using unsupported lead-210 and radium-226: A numerical mixing model approach. In: sediment and water quality in river catchments, edited by Foster I D, et al., John Wiley: New York, 1995, 207-227.

[179] Wallbrink P J, et al. Use of fallout radionuclides as indicators of erosion process [J]. J. Hydrol. Processes, 1993(7): 297-304.

[180] Wallbrink P J, et al. Determing sources and transit times of suspended sediments in the Murrumbidgee River. New South Wales, Australia, using fallout m ^{137}Cs and [210]Ph[J]. Water resources research, 1998, 34(4): 879-887.

[181] Wallbrink P J, et al. Relating suspended sediment to its original soil depth using fallout radionuclides[J]. Soil Sci. Soc. Am. J., 1999, 63(2): 369-378.

[182] Dalgleish H Y, Foster I D. [137]Cs loss from a loamy surface water gleyed soil (inceptisol): a laboratory experiment[J]. Catena, 1996, 26: 227-245.

[183] 田均良, 周佩华, 刘谱灵, 等. 土壤侵蚀 REE 示踪法研究初报[J]. 水土保持学报, 1992, 6(4): 23-27.

[184] 石辉, 田均良, 刘普灵, 等. 小流域泥沙来源的 REE 示踪研究[J]. 中国科学(E), 1997, 40(1): 12-20.

[185] 李少龙, 苏春江, 白立新, 等. 小流域泥沙来源的 [226]Ra 分析法[J]. 山地研究, 1995, 13(3): 199-202.

[186] Murray A S, Olive L J, Olley J M, et al. Tracing the source of suspended sediment in the Murrumbidgee river, Australia[J]. Tracers in Hydrology, (Proceedings Of Yakohama Symposium), IAHS Publ., 1993, 215: 293-302.

[187] 梁小卫, 陈谦. 陕西省淤地坝坝系布设的几种形式[J]. 中国水土保持, 2002(1): 22-23.

[188] 洛阳市水资源勘测设计院. 黄河水土保持生态工程伊洛河流域滕王沟小流域张沟骨干坝技术报告[R]. 2003.

[189] 洛阳市水资源勘测设计院. 黄河水土保持生态工程伊洛河流域滕王沟小流域龙脖骨干坝技术报告[R]. 2003.

[190] 洛阳市水资源勘测设计院. 黄河水土保持生态工程伊洛河流域滕王沟小流域西坡里沟骨干坝技术报告[R]. 2003.

[191] 洛阳市水资源勘测设计院. 黄河水土保持生态工程伊洛河流域滕王沟小流域张堂骨干坝配套加固技术报告[R]. 2003.

[192] 史学建. 黄土高原小流域坝系相对稳定研究进展及问题[C]∥黄土高原小流域坝系建设关键技术研讨会文集，2004：98-101.

[193] 王化云. 我的治河实践[M]. 郑州：河南科学技术出版社，1989.

[194] 郑新民. 黄土高原沟壑坝系建设有关问题探讨[J]. 中国水利，2003(9)：19-22.

[195] 方学敏, 万兆惠, 匡尚富. 黄河中游淤地坝拦沙机理及作用[J]. 水力学报，1998(10)：49-53.

[196] 黄河上中游管理局. 淤地坝规划[M]. 北京：中国计划出版社，2004.

[197] 洛阳市水资源勘测设计院. 黄河水土保持生态工程伊洛河流域滕王沟小流域坝系工程建设可行性研究报告[R]. 2003.

[198] 济源市水土保持科学研究所. 河南省济源市砚瓦河小流域坝系监测总结[R]. 2009.

[199] 黄河上中游管理局. 淤地坝管理[M]. 北京：中国计划出版社，2004.

[200] Rogowski A S, Tamura T. Environmental mobility of cesium-137[J]. Radiation Botany，1970，10(1): 35-45.

[201] 方学敏, 兆惠, 匡尚富. 黄河中游淤地坝拦沙机理及作用[J]. 水利学报，1998，29(10)：49-53.

[202] 刘汉喜, 田永宏, 程益民. 绥德王茂沟流域淤地坝调查及坝系相对稳定规划[J]. 中国水土保持，1995(12)：16-2l.

[203] 河南省水利厅. 河南省淤地坝大检查总结报告[R]. 2008.

后　记

　　黄河泥沙主要来自黄土高原的千沟万壑。受天然聚溦的启发，人们发明了淤地坝，并将其作为治理当地水土流失的主要工程措施。事实证明，淤地坝可以保障流域下游人们的生命财产安全，解决人畜用水问题，同时淤地造田，改善土壤理化性质，增加作物产量。此外，还可以降低沟道的侵蚀基准，减轻沟道侵蚀，改善山区的交通状况，美化环境。

　　作为黄土高原组成部分的豫西山区，近年来以小流域为单元，兴建了一些淤地坝系，起到了很好的示范效果。作者根据河南省水土保持监督监测总站开展的淤地坝相关课题的研究和调查结果，编写了这本书。在编写过程中，作者查阅了许多学者的研究成果和大量资料，结合工作中的一些经验、体会，并对一些常用技术进行详细介绍和总结。希望这本书能够对河南省今后大规模的淤地坝建设有所帮助。

　　由于作者水平有限，对一些问题的认识还不够深入，本书中难免有错误和疏漏之处，恳请广大读者朋友批评指正！

作　者

2013 年 6 月